全国自然资源系统观测-预测-监测体系丛书

自然资源要素综合观测指标体系

刘晓煌　姜正龙　张　贺等　著

第三次新疆综合科学考察项目（2021xjkk140104、2022xjkk090405）
西藏自治区科技计划项目"西藏智慧农牧业技术应用及示范"
新疆国土整治中心工程技术创新中心项目（2023KFKTA001）
自然资源要素监测与综合观测工程（DD20230112）　　　　　　资助
自然资源部自然资源要素耦合过程与效应重点实验室
自然资源部荒漠-绿洲生态监测与修复工程技术创新中心
全国自然资源要素综合观测网

U0266496

科学出版社

北　京

内 容 简 介

本书从地球系统科学理论出发，以不同圈层内相互作用的自然资源为观测研究对象，依据自然资源的定义、内涵、属性以及分类，在构建自然资源要素综合观测网络的基础上，针对自然资源类型多样、结构复杂的基本特点，瞄准自然资源结构、数量、质量和作用过程等基本特征，提出模块化方式构建自然资源综合观测指标体系的方法，便于快速构建统一的自然资源调查监测观测指标体系，为统一开展自然资源不同要素观测提供指导。本书内容分为三部分：第一部分归纳介绍自然资源的定义内涵、科学认识地球系统的理论基础以及国内外观测研究历史和发展趋势；第二部分阐述自然资源要素综合观测网络构建的总体思路和关键技术；第三部分详细介绍自然资源要素综合观测指标体系的构建方法和总体框架，以及利用模块化的方式构建的 40 个"归类模块"（包括资源数量质量子模块和资源间相互作用过程子模块）、6 个"资源要素综合观测指标模块集"（陆地水面区、植被覆盖区、裸地区、冰川-冻土区、过渡区、海岸区）和若干个"赋能模块"，可为自然资源要素综合调查、监测、观测等指标选取提供借鉴。

本书可供从事自然资源要素调查监测、观测预测等相关工作的专业人员参考。

图书在版编目（CIP）数据

自然资源要素综合观测指标体系 / 刘晓煌等著. —北京：科学出版社，2024.4
（全国自然资源系统观测-预测-监测体系丛书）
ISBN 978-7-03-071562-3

Ⅰ. ①自…　Ⅱ. ①刘…　Ⅲ. ①自然资源-观测-研究-中国　Ⅳ. ①P962

中国版本图书馆 CIP 数据核字（2022）第 031664 号

责任编辑：王　运　张梦雪 / 责任校对：樊雅琼
责任印制：肖　兴 / 封面设计：北京图阅盛世

科学出版社 出版
北京东黄城根北街 16 号
邮政编码：100717
http://www.sciencep.com
北京天宇星印刷厂印刷
科学出版社发行　各地新华书店经销

*

2024 年 4 月第　一　版　　开本：787 × 1092　1/16
2024 年 7 月第二次印刷　　印张：10 1/4
字数：243 000

定价：118.00 元
（如有印装质量问题，我社负责调换）

《自然资源要素综合观测指标体系》编写委员会

主　任：刘晓煌

副主任：姜正龙　张　贺

编　委：刘玖芬　雒新萍　付晶莹　张海燕　孙兴丽

　　　　石连武　邢莉圆　王　然　王　超　赵宏慧

　　　　李洪宇　赵晓峰　张文博　李志恒　郭富印

　　　　袁江龙　郭佳晖　陈武迪　严宇翔　闵　婕

丛 书 序

党的十八大以来，习近平总书记指出"山水林田湖是一个生命共同体"，强调"人的命脉在田，田的命脉在水，水的命脉在山，山的命脉在土，土的命脉在树"，应统筹山水林田湖草沙冰一体化保护和系统治理，解决自然资源可持续利用和国土空间高效治理的难题。为贯彻落实中央关于生态文明建设的精神，履行好自然资源"两统一"管理职责，亟须加强自然资源综合调查监测，摸清自然资源家底，深化科学认知，掌握发展变化规律。野外科学观测研究是探索自然资源变化和揭示多圈层自然资源相互关系与演替规律的重要手段，也是自然资源统一调查监测体系的重要组成部分。因此，2018 年自然资源部发布《自然资源科技创新发展规划纲要》（自然资发〔2018〕117 号），将"自然资源要素综合观测网络工程"建设列为十二项重大科技工程之首。

2019 年，自然资源部办公厅下达了《关于做好自然资源要素综合观测工作的函》（自然资办函〔2019〕1855 号），正式启动了该项大科学工程。该工程计划通过 6 年时间，建成覆盖全国自然资源区划单元、运行稳定的自然资源系统观测-预测-监测一体化站网体系，形成天、空、地、海"四位一体"的立体化资源观测能力。旨在构建全国自然资源要素综合观测体系，探究自然资源变化动因机制和自然资源间耦合平衡配比，研判其变化趋势和未来状态，解决认识自然生态变化规律、预判发展趋势的基础数据支撑能力不足等科学问题。这对于提高我国自然资源认知能力、有效支撑自然资源"一张图"、"双评价"和"三区三线"的科学划定，有着十分重要的意义。

为了集中反映"全国自然资源要素综合观测网络工程"的重要研究进展与成果，中国地质调查局自然资源综合调查指挥中心的刘晓煌等专家组织编写了"全国自然资源系统观测-预测-监测体系丛书"。该丛书分为理论篇和实践篇，理论篇包括全国自然资源动态区划、全国自然资源观测指标体系、全国自然资源系统观测-预测-监测一体化平台构建等，旨在为自然资源要素观测网络工程建设、合理布站（点）和科学观测提供重要的理论支撑；实践篇按照"三区四带"国家生态保护修复格局，依托全国自然资源要素综合观测站网布设情况，系统论述在青藏高原、黄土高原、云贵高原、内蒙古高原、华北平原、东北平原、长江中下游平原、辽东-山东-东南丘陵、东南沿海及岛屿等国家重点生态功能区开展的自然资源野外观（监）测系列研究成果。

丛书是在中国科学院、中国气象局、北京大学、兰州大学、中国农业大学、中国地质大学（武汉）、中国地质大学（北京）、河北地质大学、新疆大学和中国地质调查局等相关科研院所的专家指导下，在中国地质调查局自然资源综合调查指挥中心参与工程的全体技术人员共同努力、探索下总结完成的。其对今后一段时间内我国自然资源综合观测工作具有重要参考价值和指导意义。借此机会，特地向所有为这套丛书付出心血的人员表示衷心的祝贺！

2022 年 10 月

序

　　人类赖以生存发展的空间广义上包含多种自然资源，其中土地资源是最重要的要素。党的十八大以来，习近平总书记从生态文明建设的整体视野提出"山水林田湖草是生命共同体"的论断，要求在保护中开发和在开发中保护。通过系统获取区域自然资源种类、数量、质量及土地利用类型等时空分布格局的观测数据，开展自然资源开发利用对区域植被生产力、产水量及生态用水量、固碳释氧量及土地退化等资源-生态环境的综合影响评价研究，掌握区域自然资源变化及其生态环境效应状况，探究其变化动因机制，预判未来变化趋势，服务于自然资源分等定级及资产价值核算、资源环境承载力及国土空间适宜性评价、生态保护修复效果评价等自然资源管理是当务之急。可见《自然资源要素综合观测指标体系》一书出版的意义重大。

　　观测指标体系是开展综合观测的前提和基础。我国已经建立了大量有关水、土地、森林等自然资源单要素或单生态系统的观测研究站，但无法解决以区域或流域为单位的复合自然资源或生态系统问题，难以满足山水林田湖草沙一体化保护和系统治理的管理要求。因此，亟待构建一套全面、统一的自然资源要素养综合观测指标和站网体系，揭示自然资源要素耦合过程及其生态环境效应，支撑服务自然资源统一管理、国土空间统一规划和生态保护修复效果评价。

　　《自然资源要素综合观测指标体系》在综合分析《自然资源调查监测体系构建》《全国森林、草原、湿地调查监测技术方案》《全国国土变更调查实施方案》《地理国情监测》《国土空间规划城市体检评估规程》《自然资源分等定级（报批稿）》《生态保护红线划定指南》《资源环境承载能力和国土空间开发适宜性评价指南（试行）》《自然资源调查监测数据评价指标》《黑土地地表基质调查总体方案》《全国生态状况调查评估技术规范》等文件规定的调查监测指标基础上，按照自然资源分等定级、自然资源统一确权登记、国土空间规划、生态保护修复等自然资源"两统一"管理的业务需求，详细梳理了各类自然资源观测监测指标和频次，确保每一个指标的遴选依据充分、服务支撑管理目标明确。

　　基于此，该书从地球系统科学理论出发，以不同圈层内相互作用的自然资源为观测研究对象，针对自然资源类型多样、结构复杂的基本特点，瞄准自然资源结构、数量、质量和相互作用过程的基本特征，在构建自然资源要素综合观测网络基础上，创新性地提出了模块化的观测指标体系：按照搭积木-模块化的思路，在自然资源要素分类的基础上，依据大气、地表和地下三种资源的分布空间和不同资源系统要素，通过正反演相结合、模块组合等方法，遴选出能够充分反映资源数量、质量和资源间相互耦合作用的观测指标，按照"资源数量质量子模块"和"资源间相互作用过程子模块"构建"归类模块"，并根据不同资源系统涉及资源要素情况，建立区域"自然资源要素观测模块集"，然后利用观测研究模块组合形成相应的"赋能模块"。依据上述方法，构建了资源数量、质量和相互作用共 3 大类、42 类、105 小类 500 余个观测指标归类模块，包括 40 个"归类模块"（包括资源数量质量子模块和资源间相互作用过程子模块）、6 个"资源要素综合观测指标模块集"（陆地水面区、植被覆盖区、裸地区、冰川-冻土区、过渡区、海岸区）和若干个"赋能模块"，并将这些模块组合成森林、草原、耕地、湖泊、河流、荒漠、湿地、海岸带海岛、冰川、冻土等 10 类区域自然资源要素野外观测研究模块指标集，从而构建起个体、群落、区域尺度的指标体系。

《自然资源要素综合观测指标体系》一书的出版，可为全国或地方的自然资源各类观测站开展科学观测提供理论指导和实践参考，通过规范化的综合观测，有助于更好地监测和评估自然资源开发利用状况，从而为我国自然资源开发利用和生态保护修复工作提供数据支持，推动生态文明建设。

2023 年 12 月 24 日

目　　录

第1章 绪　　论

当今世界人口众多，资源匮乏。随着人们对自然资源需求的不断增多，资源的开发利用出现了过度开发、不合理开发、粗放开发等问题，导致资源减少和环境恶化，人类可持续发展面临巨大难题。在这个背景下，我国开启了自然资源要素综合观测网络工程，理清自然资源的定义和内涵、理清资源与环境的关系、明确观测对象、建设自然资源要素综合观测体系是目前亟待解决的问题。根据观测对象建立自然资源要素综合观测指标体系是自然资源要素综合观测的基础。

1.1　自然资源定义

对自然资源进行综合观测研究需要明确自然资源的定义，从而明确观测研究的对象。关于资源的概念，从宏观和经济学的角度来说，资源是一切有用的和有价值的东西，即一切生产和生活资料的来源（张丽萍，2017），自然资源是资源更为狭义的一个概念。恩格斯在《自然辩证法》一书中指出，"劳动和自然界一起才是财富的源泉，自然界为劳动提供材料，劳动把材料变为财富"。这里自然资源界提供的"材料"可以称作自然资源，"劳动"则是将自然资源经济化的过程。目前，关于自然资源具体的定义和内涵，国内外学者和科研管理机构等有不同的认识。

1.1.1　国际定义

1972 年，联合国环境规划署（United Nations Environment Programme，UNEP）将自然资源定义为"一定时间条件下，能够产生经济价值以提高人类当代和未来福利的自然经济的总和"。而世界贸易组织则认为自然资源是存在于自然环境稀少的、能以其原始状态或经最低限度加工后在生产或消费中发挥经济效用的原料储备，包含了最低限度、生产或消费的内涵。在一些对自然资源的定义中，美国联邦法典将自然资源定义为"由美国、州或地方政府、外国政府、印第安部落，或当这些资源是由受到差异化限制的信托管理时的印第安部落的任何成员所拥有、管理，或通过信托方式持有、附属于这些机构或为其所控制的土地、鱼、野生生物、生物群、空气、水、地下水、饮用水供应及其他这类资源"。《俄罗斯联邦环境保护法》规定自然资源是指在经济和其他活动中被用作或可能被用作能源、生产原料和消费品及具有使用价值的自然环境要素、自然客体和自然人文客体。《大英百科全书》关于自然资源的定义是人类可以利用的自然生成物，以及形成这些成分源泉的环境功能。前者包括土地、水、大气、岩石、矿物、生物及其群集的森林、草地、矿藏、陆地、海洋等；后者则指太阳能、生态系统的环境机能、地球物理化学循环机能等。国际上对自然资源的定义各有不同，但有三个共识：①自然资源来自自然界；②普遍将自然资源和自然环境都看作自然资源；③自然资源具有有用性，能够产生经济价值和给人类带来福利（邓锋，2019）。同时，由于不同地区区域的风俗文化等不同，对自然资源的定义也存在差异，自然资源不仅仅是一个自然科学的概念，还涉及经济、文化、法律、伦理等领域。

1.1.2　国内定义

关于自然的定义，不同学者有不同的认识。孙鸿烈（2000）在《中国资源科学百科全书》中指出，自然资源为人类可以利用的、自然生成的物质与能量。蔡运龙（2023）认为，自然资源为人类能够从自然界获取满足其需要与欲望的任何天然生成物及作用于其上的人类活动结果，自然资源是人类社会取自自然界的初始投入。李文华和沈长江（1985）认为自然资源是指存在于自然界中能被人类利用，或在一定技术、经济和社会条件下能被用作生产、生活的物质、能量的来源，或在现有生产力发展水平和研究条件下，为满足人类生产、生活需要而被利用的自然物质和能量。这一类学者认为满足人们需要，为人类提供福利的自然要素都属于自然资源，这里面包含了经过人类加工后能给人类提供福利的自然要素。《辞海》中定义为：自然资源一般指天然存在的自然物（不包括人类加工制造的原料），是生产的原料和布局场所，如土地、矿藏、水利、生物、海洋等（辞海编辑委员会，1980）。这个定义中的自然资源必须是未加工的、能够给人类提供福利的资源。

《党的十八届三中全会决定辅导读本》中指出，自然资源是指天然存在、有使用价值、可提高人类当前和未来福利的自然环境因素的总和，包括土地、矿产、森林、草原、水、湿地、海域海岛等自然资源，涵盖陆地和海洋、地上和地下。我国需实现自然资源的两统一管理，包括统一行使全民所有自然资源资产所有者职责和统一行使所有国土空间用途管制和生态保护修复职责。其中统一行使全民所有自然资源资产所有者职责表明，作为观测对象的自然资源可以概括为自然状态或未被加工的状态下通过生产能够产生价值的资源，是可资产化、资本化、货币化、产权归属明确的资源。《党的十八届三中全会决定辅导读本》中强调了自然资源的天然、有使用价值、时间、动态、系统等特性，对自然资源进行了全面和准确的定义。同时土地、矿产、森林、草原、水、湿地、海域海岛七类都属于可资产化、资本化、货币化、产权归属明确的资源。自然资源要素综合观测体系及指标体系建设，主要以这七类为研究对象。

1.2　资源、环境和人类活动间的关系

1.2.1　环境、生态的定义和内涵

环境是人类生存、繁衍所必需的物质条件的综合体，通常是指人类赖以生存的地球

包括空气、水、土地、自然资源、植物、动物、人，以及它们之间的相互关系（管理科学技术名词审定委员会，2016）。人群周围的境况及其中可以直接、间接影响人类生活和发展的各种自然因素和社会因素的总体（地理信息系统名词审定委员会，2012）。《水利科技名词：1997》中将"社会环境"定义为是环境总体下的一个层次，指人类在自然环境基础上，通过长期有意识的社会活动，加工改造自然物质，创造出的新环境（水利科学技术名词审定委员会，1998）。人类所处的环境具有几种不可忽视的特性。一是系统性和整体性，即地球上任何一部分环境的改变都会导致整个地球环境的改变；二是环境演变的过程具有不可逆性，即环境系统中的能量流动是不可逆的；三是环境的污染效应具有滞后性，即日常的环境破坏对人们的影响，其后果的显现需要有一个过程；四是污染后果具有持续性，即环境污染的影响具有持续性；五是环境承载力具有有限性，即环境对人类的开发活动的支持比较有限。综上所述，环境与人类的生产和生活直接相关，同时在环境保护的角度上，人类的生活和生产必须在环境的承载力内。

"生态"一般泛指"自然生态系统"，在《生态学名词》中的解释为生态系统是在一定范围内，植物、动物、真菌、微生物群落与其非生命环境，通过能量流动和物质循环而形成的相互作用、相互依存的动态复合体（生态学名词审定委员会，2007）。《地理信息系统名词》中将生态系统解释为在一定地表范围内，相互关联、相互影响的生物群落及其环境形成的生态单位（地理信息系统名词审定委员会，2012）。《大气科学名词》中将生态系统定义为生物群落及其地理相互作用的自然系统，由无机环境生物的生产者（绿色植物）、消费者（草原动物和肉食动物）以及分解者（微生物）4 部分组成（大气科学名词审定委员会，2009）。生态系统具有一定的空间结构，会随时间变化而发生变化，具有自动调控功能，同时也是一个开放的系统。在"生态环境"的这个定义上，《林学名词》中将生态环境定义为影响人类生存与发展的水资源、土地资源、生物资源以及气候资源数量与质量状况的总称（林学名词审定委员会，2009）。总而言之，生态主要研究生物与非生物之间的相互作用，即生物与自然环境间的物质循环和能量流动所组成的一个复合体。

1.2.2 自然资源、生态环境与人类活动之间的关系

自然资源从形成、演化到利用的整个过程都发生在整个地球的生物圈和生态系统中。在生态系统中，无时无刻不伴随着能量流动和物质循环，而人类在对自然资源的开发利用上，会人为地改变系统中能量和物质的流动规律，造成生态系统的变化（张丽萍，2017）。自然资源是生态环境不可缺失的一部分，对自然资源的研究必须将环境与资源视为一个整体，任何资源的开发都应考虑对环境整体效应的影响。自然资源间的耦合、资源与生态环境的互馈作用见图 1-1，各类自然资源要素的种类、数量、质量和丰富化组成特定的国土空间的自然资源配比，这种资源配比在一定范围内的变化对生态环境的影响很小，但如果资源开发过度打破了原有的平衡生态就会出现问题（马震等，2021）。所以生态环境问题可以主要归结于自然资源的过度和不合理开发利用等问题。

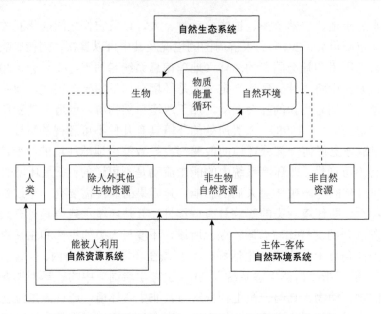

图 1-1　自然资源间的耦合、资源与生态环境的互馈作用

　　自然资源的开发与人类生存活动密切相关，只要有人类活动的存在，自然资源的开发就不会停止，自然资源改变的主要原因是人类的利用和开采。而随着人口的增长和人类生活需求的提高，人们对自然资源的需求越来越高，但自然资源的过度开采会导致地球生态环境的恶化，与科学可持续发展的理念相违背。自然环境系统一般不以人类的意志而转移，人们无法控制环境变化向人类有利的方向进行。所以人类对自然资源必须进行合理的、保护的开发和利用，以避免生态环境的改变给人类带来严重的恶果。在自然资源开发过程中，人类需要考虑其生态、经济和社会效益，以便于维持生态平衡的同时，社会、经济也随之发展，破解人类可持续发展的难题。

1.3　自然资源要素综合观测体系建设背景、目的及意义

1.3.1　国内外背景

　　自然资源作为生态和经济可持续发展的物质基础，其结构复杂、区域差异明显。而自然资源的不合理利用会导致生态环境污染的加剧，如酸雨污染、臭氧层耗损、生物多样性锐减等问题频繁发生，阻碍着人类社会发展。在这种情况下，美国、俄罗斯、加拿大等资源大国开始对自然资源进行了综合管理（陈静等，2018；秦奇等，2021）。目前，我国作为资源大国，但资源利用率依然较低，粗放经营、生产率低的问题依然存在。以前我国长期实施不同部门的自然资源管理体制，由于资源管理与用途管制分属于不同的部门，不同部门对自然资源的定义和分类都有所不同，研究出来的与自然资源相关的定义、分类以及观测监测指标都不具有系统性。

2013 年 11 月，习近平总书记在党的十八届三中全会上作关于《中共中央关于全面深化改革若干重大问题的决定》的说明时指出："我们要认识到，山水林田湖是一个生命共同体，人的命脉在田，田的命脉在水，水的命脉在山，山的命脉在土，土的命脉在树。"这一论述揭示了人与自然的关系，也体现了马克思主义系统论的思想。山、水、林、田、湖、草等自然资源要素之间存在物质循环和能量转换，相互依存、和谐共生，客观上需要对山、水、林、田、湖、草等自然资源要素进行统一管理，统一修复（朱连奇，2015）。

2018 年 3 月，根据国务院机构改革方案，我国新组建了自然资源部，对自然资源实行"两统一"管理，即统一行使全民所有自然资源资产所有者职责，统一行使所有国土空间用途管制和生态保护修复职责。为科学有效实施自然资源"两统一"管理，2018 年 10 月，自然资源部下发《自然资源科技创新发展规划纲要》（自然资发〔2018〕117 号）将"自然资源要素综合观测网络工程"建设列为十二大科技工程之首。

1.3.2　目的及意义

2019 年 10 月，自然资源部办公厅下达《关于做好自然资源要素综合观测工作的函》（自然资办函〔2019〕1855 号），指出建立全要素综合观测网对提高自然资源认知能力、提高决策管理具有十分重要意义，强调观测网建设是战略性、基础性、紧迫性的系统工程。该工程的主要任务是按照地球系统科学理论和"山水林田湖草是生命共同体"发展理念，对自然资源要素开展长期、连续、稳定的观测研究，服务支撑自然资源统一管理。按照《党的十八届三中全会决定辅导读本》《自然资源统一确权登记办法（试行）》《自然资源调查监测体系构建总体方案》中相关内容，自然资源要素是指天然存在的、有使用价值的、可提高人类当前和未来福利的自然环境因素的总和。自然资源部职责涉及土地、矿产、森林、草原、水、湿地、海域海岛等资源，涵盖陆地和海洋、地上和地下。这七种资源和其赋存的空间是观测研究的主要对象。建立自然资源要素综合观测体系，通过对自然资源进行综合研究，将区域资源内的各类自然资源视为一个整体，在资源-人类-环境的系统下提高对自然资源的认知，通过对自然资源的合理开发利用达到环境保护和经济可持续发展的目的。

同时，自然资源要素综合观测指标体系是开展综合观测的前提和基础，通过获取自然资源数量、质量变化和相互间耦合平衡过程观测数据，掌握资源变化动因机制；利用模型模拟等技术预测资源未来状态；评价预判区域资源的综合承载力、适宜性和安全保障程度，支持国家生态文明建设和自然资源"两统一"精准化管理。本书从地球科学系统理论出发，依据自然资源的定义、内涵、属性以及分类，介绍关于自然资源要素综合观测网络的构建，以及模块化方式构建自然资源要素综合观测指标体系的方法。构建了 40 个"归类模块"（包括资源数量质量模块和资源间相互作用过程模块）、6 个"资源要素综合观测指标模块集"（陆地水面区、植被覆盖区、裸地区、冰川-冻土区、过渡区、海岸区）和若干个"赋能模块"。

参 考 文 献

蔡运龙. 2023. 自然资源学原理. 北京：科学出版社.

陈静，陈丽萍，汤文豪. 2018. 美国自然资源管理体制的主要特点. 中国土地，（6）：36-37.

辞海编辑委员会. 1980. 辞海（缩印本）. 上海：上海辞书出版社.

大气科学名词审定委员会. 2009. 大气科学名词. 北京：科学出版社.

地理信息系统名词审定委员会. 2012. 地理信息系统名词. 北京：科学出版社.

邓锋. 2019. 自然资源分类及经济特征研究. 北京：中国地质大学（北京）.

管理科学技术名词审定委员会. 2016. 管理科学技术名词. 北京：科学出版社.

李文华，沈长江. 1985. 自然资源科学的基本特点及其发展的回顾与展望//中国自然资源研究会. 自然资源研究的理论和方法. 北京：科学出版社：2-23.

林学名词审定委员会. 2009. 林科学名词. 北京：科学出版社.

马震，夏雨波，李海涛，等. 2021. 雄安新区自然资源与环境-生态地质条件分析. 中国地质，48（3）：677-696.

秦奇，刘晓煌，孙兴丽，等. 2021. 中美两国对地系统观测比较分析及对中国的启示. 中国地质调查，8（2）：8-13.

生态学名词审定委员会. 2007. 生态学名词. 北京：科学出版社.

水利科技名词审定委员会. 1998. 水利科技名词：1997. 北京：科学出版社.

孙鸿烈. 2000. 中国自然资源科学百科全书. 北京：中国大百科全书出版社.

张丽萍. 2017. 自然资源学基本原理. 2 版. 北京：科学出版社.

朱连奇. 2015. 自然资源开发与管理. 郑州：河南大学出版社.

第 2 章　科学认识地球系统的理论基础

2.1　地球系统科学

2.1.1　地球基本特征

地球起源于 46 亿年前的原始太阳星云，已经有 40 亿～46 亿年的演化历史。作为太阳系八大行星之一，地球是其中直径、质量和密度最大的类地行星，距太阳 1.5 亿 km。地球自西向东自转产生了昼夜变化，围绕太阳公转以及黄赤交角的存在使地球产生了四季的交替。月球作为地球的唯一天然卫星，两者共同组成地-月天体系统。

地球呈两极稍扁、赤道略鼓的不规则椭球体，表面积为 5.1 亿 km^2，其中 71% 为海洋，29% 为陆地，是目前人类已知宇宙中存在生命的唯一天体，也是包括人类在内上百万种生物的家园。

地球圈层以地面以下平均深度约 150km 处的软流圈为界，分为外圈层和内圈层两部分。外圈层包括大气、水、生物和岩石四个圈层；内圈层包括地幔、液态外核和固态内核三个圈层（图 2-1）。其中岩石圈、软流圈和地球内圈层构成了固体地球。对于地球外

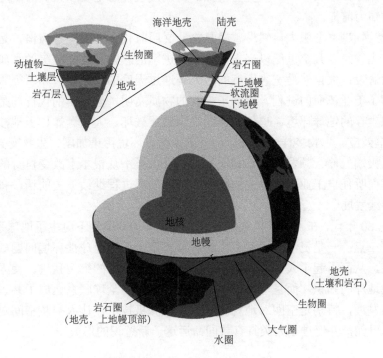

图 2-1　地球圈层结构（Miller and Spoolman，2007）

圈层中的大气圈、水圈和生物圈，以及岩石圈的表面，一般用直接观测和测量的方法进行研究；而地球内圈层主要通过地球物理方法，如地震学、重力学和高精度现代空间测地技术等进行研究。地球各圈层在分布上有一个显著的特点，即固体地球内部与表面之上的高空基本上是上下平行分布的，而在地球表面附近，各圈层则是相互渗透甚至相互重叠的，其中生物圈表现最为显著，其次是水圈。

2.1.2　地球系统科学的基本理论

1. 产生背景

地球是我们迄今仅知的、具有维持生命所必需的丰富的氧和液态水的星球。太阳系等天体对地球具有明显的能量、物质、动量和信息的交换作用，它们形成了地球的自然驱动力。现有资料分析表明，在外部驱动力作用下，地球系统沿着自然规律所确定的轨道不停地向前发展，其状态是永不重复的。长期以来，人类主要是被动适应地球系统的变化而生存。近百年来，随着科学技术和生产力的迅速发展，人类活动对地球上自然环境的影响已经十分显著，并不断加速和扩大，形成了推动地球系统变化不容忽视的人为驱动力（周秀骥，2004）。

从蒙昧时代、农业文明时代、工业文明时代到现在的信息时代和未来的人工智能时代，人和自然的关系经历了服从、征服、协调的演变，如果说古人不得不臣服于自然是由于对自然的无知，而工业化浪潮中对自然的"征服"以人们对自然各个局部的运动规律的认识为先导，那么，今后人类与自然的协调发展，必定要以人类对地球系统整体变化规律的认知为前提。

"向自然索取""征服大自然"曾经是农业文明时代人们的美好憧憬，是工业化浪潮的原动力，也曾经是几个世纪以来人们向科学进军的旗帜，这面壮美的大旗背后隐藏着一个先验的假设：大自然是宽容无度的。人类通过无度的"索取"和"征服"自然，虽然大大推动了工业革命的进程、提高了人类的物质文明，但付出的代价却是严重地破坏了人类赖以生存的地球环境，迫使人类面临臭氧层破坏、人口爆炸、土地沙漠化（植被退化）、温室效应、生物多样性丧失、水平衡失衡、环境污染加剧、生物变异风险增高、自然灾害（极端气候）频发等一系列挑战；如果人类不从根本上改变自身的观念和生活生产方式，而听任自工业革命以来的物质文明的发展进程继续下去的话，将极大威胁到人类的可持续发展。

20 世纪 80 年代，在人类可持续发展和科技发展的双驱动下诞生了地球系统科学，主要基于以下三点：一是资源、环境、生态、灾害等一系列全球性环境问题威胁着人类的生存与发展，从而引起了人们的普遍重视；二是科学技术的突飞猛进，使人们不仅获得了更多有关地球的知识，而且对地球各组成部分之间的全球联系达成了共识；三是现代技术的迅猛发展，特别是空间对地观测技术和计算机技术，让人类从空间对地球进行整体观测成为可能，并促进了人类具有共同命运这一新意识的形成。

2. 内涵

地球系统科学是为了解释地球动力、地球演变和全球变化，对组成地球系统的各部分、各圈层相互作用机制进行综合研究的一门科学。地球系统科学是把地球看成一个由相互作用的地核、地幔、岩石圈、水圈、大气圈、生物圈、智慧圈和行星系统等组成部分共同构成的统一系统。

地球系统科学的目标是了解整个地球系统的过去、现在及未来，推动人类可持续发展，即确保地球上的人口–资源–环境–生态–经济–社会协调发展，地球的承载能力既满足当代人的需求又不损害满足后代的需求（毕思文和许强，2002）。它以资源的可持续利用和良好的生态环境为基础，以经济可持续发展为前提，以谋求社会的全面进步为目标。

地球系统科学作为可持续发展战略的科学基础，不仅要研究自然规律，而且还要为社会发展提出规划依据，而后者则是与社会法律相关联的软科学。具体的地球系统科学研究，应划分为满足当时紧迫问题的任务研究，以及致力于远期效应的基础理论研究两大部分。但两者内在联系很多，应该相互促进，不能截然分开。

3. 地球系统时空尺度

地球系统及其变化是地球系统科学的研究对象，但从尺度分析的角度看，发生在地球系统中的各种变化具有很宽的时间和空间尺度谱，包括从微米到行星轨道的空间尺度、从毫秒到数十亿年的时间尺度上的物理、化学、生物过程及其相互作用。地球系统科学用尺度分析的方法和内部约定来确定研究对象，形成了与地球科学互相配合、明确分工的格局。当代地球科学的研究进展表明，那些具有行星尺度的变化反映了地球系统各组成部分之间的相互作用和反馈。而任何时间尺度的变化都包含了各种时间尺度上发生的地球系统过程的相互作用。

在时间尺度上，地球系统变化的主要时间尺度可以用五个时段来定义：几百万年至几十亿年、几千年至几十万年、几十年至几百年、几天至几个季度、几秒至几个小时。其中，前两个时段是传统固体地球科学研究的对象，后两个时段是大气科学、生物科学和海洋科学涉猎的范围。而中间时段（几十年至几百年时间尺度）包含了在全球变化中直接出现的一些过程和效应，如气候变化、大气成分变化、土地覆盖变化等，这些变化也是当前人类面临的最大挑战，对于人类社会的利害关系和发展规划尤为重要，目前这些方面的研究还有待深化加强。因此，地球系统科学首先要迎接这一挑战，要融合固体地球科学、大气科学、海洋科学以及生物科学的知识，从本质上认识几十年至几百年尺度的全球性过程。

在空间尺度上，地球系统可分为全球、区域、大型、小型、显微和超显微六个级别，如构造、岩石等；也可分为全球、区域（流域）、景观、个体的观测研究。

4. 地球系统科学的研究方法

地球系统科学的基本问题是：我们的行星是怎样运行的？怎样演化的？它的未来如

何？只有将地球系统的观测汇集到一个概念化框架内，使定量模拟或预测得到发展时才能得到答案（孙九林，2006）。

地球系统演化历史的长久性和复杂性，导致其科学研究方法具有系统性、复杂性和难验证性的特点，具体研究方法见图 2-2。

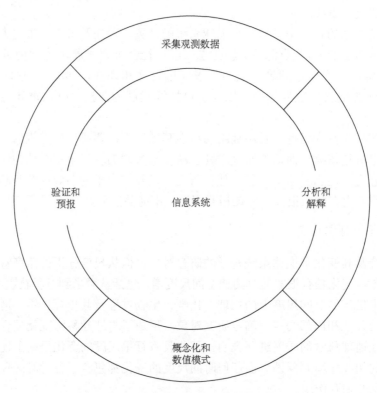

图 2-2　地球系统科学的具体研究方法

一是全面、系统的观测。地球系统科学的观测强调系统性、统一性（测量方法、过程和数据采集等的规范化）和同步协调性。

二是大数据、云计算的数据信息处理能力。从各学科已有的规律和对基元过程研究的结果出发，对观测数据进行分析，提出合理的假设，以识别观测数据中所包含的可能的图式，进而弄清所获得的图式背后的内在过程（物理的、化学的或生物学的），从而获得关于过程的定量的规律性认识。

三是建立模型。模型包括系统模型和子系统模型与概念模型和数值（数学）模型两类。前者是基础，地球系统过程的概念模型和数值（数学）模型包括与其他过程有定量联系的过程，以及过程之间相互作用的数值运算。

四是模型的验证。验证和预报是周期性研究的最终环节。模拟研究的结果至少应再现地球的现状，并能解释它的过去。与地球科学资料进行比较是对模型性能的严格检验，既能暴露出这些模型的不完全之处，又能提出新的模型和新的观测方法或技术，相对成熟化的模型也可以预报未来的变化趋势。

总之，地球系统科学是传统地球科学发展的必然，它有自己特定的目标和内涵，并形成了一套与其目标、内涵相适应的方法学体系。地球系统科学的发展不仅需要数学、力学、物理学、化学、生物学、传统地学以及多种技术科学的综合，而且需要全球范围内科学家和政府的合作，这也是地球系统科学的一大特色。

2.1.3　地球系统科学研究的重要支撑

地球系统科学研究必须具有以下几个方面的支撑条件。

1. 地球系统集成数据库

地球系统科学已经积累了大量的地球系统各圈层定量的历史演变资料，这些资料具有不同的时空尺度分布，获取的方法和手段各有差异，并具有不同的测量精度。只有对这些资料进行统一规范下的同化、融合和集成，才能用于地球系统科学研究。因此，建立地球系统集成数据库是进行地球系统科学研究所必需的。

2. 地球系统观测网和综合科学实验

以大自然为实验室进行科学观测实验，系统地、不间断地提供统一规范的观测实验资料，是地球科学研究的基础支撑。地球系统科学所要求的不仅是对地球系统各圈层独立观测的资料，而且还应包括对地球系统整体观测的综合资料。当前主要通过地外天体对地观测、航天卫星-航空器航空遥感观测、地面定位观测、海洋定位观测等方法获取多元化、稳定、有效的观测资料。未来以地球环境卫星探测为主体，结合地面观测的地球系统观测网和专题组织的综合科学试验将是地球系统数字化的技术支撑，也是地球系统科学研究发展的重要基础。

3. 地球系统数值模拟实验室

地球系统是一个多维空间系统，代表其状态演变的过程是海量时空分布资料以及多维非线性动力方程，采用巨型高速计算机技术进行非线性统计分析和数值模拟是唯一有效的方法和途径。

研究战略的主要部分是利用所有的时间尺度进行全球观测和过程观测来建立子系统和地球系统本身的模型，并利用这些模型来改进观测系统。地球系统数值模拟实验室与地球系统集成数据库和地球系统观测网提供的资料，将是地球系统科学研究发展巨大的支撑。

这样的模型将会有多种形式。其中有些是描述性的，如具体描述土壤、森林和大气之间能量和物质的平均流量，或主要描述板块构造的相对运动；有些是数学模型，如描述大气和海洋过程的演化，或描述因地核内液体流动而形成地球磁场；还有些是数值或计算机模型，如目前用来预报未来 5～10 天的天气模型，或用来揭露活动地质构造附近区域应力是如何积累的模型。

2.2　资源–生态–环境系统基本理论

资源、生态、环境是生态文明建设的重要内容，也是自然资源部管理范围内的核心内容。作为参与自然资源管理的科技人员，准确理解和运用这些科技名词，是深入领会和严格落实部局相关指示要求的关键，也是提供科学咨询建议、开展科技合作交流的前提和基础。

资源、生态、环境三个科技名词，既有联系，又有区别，与之相关联的资源环境、生态环境、生态系统、自然资源系统等组合名词随之产生，因此，必须准确掌握和规范运用这类术语。

2.2.1　自然资源系统相关术语

1. 自然资源

自然资源是在一定的时间和技术条件下，能够产生经济价值、提高人类当前和未来福利的自然环境要素的总称。

自然资源按形态分为有形自然资源（如土地、水体、动植物、矿产等）和无形自然资源（如光资源、热资源等）。按使用功能可分为生物资源、农业资源、森林资源、国土资源、矿产资源、海洋资源、气候气象、水资源等。

自然资源具有可用性、整体性、变化性、空间分布不均匀性和区域性等特点，是人类生存、发展的物质基础和社会物质财富的源泉，也是可持续发展的重要依据之一。

2. 自然资源系统

自然资源系统是指各种自然资源在一定空间范围内形成相互联系的统一整体。研究自然资源系统要研究自然资源的形成、分布、流动、消耗及其过程和规律，以及这些过程对生态或环境的影响，还要研究自然资源系统维护与重建的理论与方法。

3. 自然资源要素

自然资源要素是指在森林、草原、湿地、冰川、荒漠、地表水、海水、耕地、人工建筑等地表覆盖类型区域内，有相互联系的所有自然资源。一般包括气候资源、地表覆被资源、土壤资源和地下水资源等。

4. 自然资源结构

自然资源结构是指在某一特定的地域范围内自然资源的组成及空间组合状况。

5. 自然资源整体性

自然资源整体性是指各类自然资源之间不是孤立存在的，而是相互联系、相互制约的，是一个复杂的资源系统。

6. 自然资源数量

自然资源数量是指在一定社会经济技术条件下，能够被人类开发利用的各种自然资源的多少。它是表征自然资源丰富程度的量化指标，还可以反映出自然资源的有限性、稀缺性和时间性。

7. 自然资源质量

自然资源质量是指在一定社会经济技术条件下，各种自然资源满足人类和社会环境需要的优劣程度，或获取经济效益、社会效益和生态效益的多少以及价值高低的表征。

8. 自然资源区划

自然资源区划是根据自然资源系统结构特征、功能和空间分布规律及资源开发，利用整治措施的相似性和差异性，运用地域分异理论原则划分成一系列不同等级的区域。

9. 自然资源定位观测

自然资源定位观测是指在典型地域设置长期或短期的资源定位观测站点，并定时或连续进行资源要素及环境要素观测的过程，分为人工观测和自动观测两种。

10. 资源对地观测

资源对地观测是以遥感技术为主要观测手段，从空间对地球资源进行观测，获取信息并用于研究其状态、分布和变化的过程。

11. 资源观测台站网络

资源观测台站网络是根据资源观测的目的，在一定地域合理地布设一批资源观测站点，在空间分布上呈网格状，在观测内容方面按统一的规范标准进行。

12. 自然资源评价

自然资源评价是按照一定的评价原则或依据，对一个国家或区域的自然资源数量、质量、地域组合、空间分布、开发利用、治理保护等方面进行定量或定性的评定和估计。

2.2.2　生态相关术语

1. 生态

生态是指生物与生物、生物与环境间的相互关系。由无机环境、生物的生产者（绿色植物）、消费者（草食动物和肉食动物）以及分解者（腐生微生物）四部分组成。

生态具有系统性、整体性、关联性的特点，是通过能量流动和物质循环过程形成的彼此关联、相互作用的统一整体。

2. 生态系统

生态系统是指由生物群落与无机环境构成的统一整体，主要研究生物与生物间、生物与环境间的相互作用关系。生态系统是开放系统，为了维系自身的稳定，生态系统需要不断输入能量，否则就有崩溃的危险。

生态系统关注物质和能量循环过程，而自然资源系统则关注资源种类、数量、质量等结构配比，以及资源变化对生态、环境的影响。

随着生态文明建设和"山水林田湖草是生命共同体"理念的不断推进，资源-生态-环境领域交叉融合必将更加深入。因此，从事相关科学研究、管理的部门和人员，一定要准确使用这类名词，避免产生歧义和达不到预期目的。

3. 生态系统结构

生态系统结构是指生态系统生物和非生物组分保持相对稳定的相互联系，相互作用而形成的组织形式、结合方式和秩序。

4. 生态阈值（生态阈限）

生态阈值是指生态系统本身能抗御外界干扰、恢复平衡状态的临界限度。

5. 生态胁迫（生态压力）

生态胁迫是指危及生物个体生长、发育的外界干扰（如干旱、寒冷）及其所产生的生理效应，以及危及种群、群落和生态系统稳定性的外界干扰（如人口增长、资源短缺、环境污染）所产生的生态效应。当这些来自人类或自然的对生态系统正常结构性和功能性的干扰超出生态系统承受能力范围时，将导致生态系统发生不可逆的变化甚至退化或崩溃。

6. 生态冲击（生态报复）

生态冲击是指人类对自然生态系统干扰、破坏，常常造成始料未及的有害后果，抵消了原计划想得到的效益，环境恶化甚至带来了人们难以处置的灾难。

2.2.3　环境相关术语

1. 环境

环境是相对于某一事物而言的，是指围绕着某一事物（通常称其为主体）并会对该事物产生某些影响的所有外界事物（通常称其为客体）。狭义的环境往往指相对于人类这个主体而言的一切自然环境要素的总和。

按主体分为人类生存环境、生物生存环境；按属性分为自然环境、人工环境、社会环境；按性质分为物理环境、化学环境、生物环境等；按环境要素分为大气环境、水环境、地质环境、土壤环境及生物环境。

2. 自然环境

自然环境包括一切可以直接或间接影响到人类生活、生产的，以及影响自然界中物质和资源的一类宏观环境。

3. 地质环境

地质环境指地壳上部包括岩石、水、气和生物在内的互相关联的系统。

4. 环境容量

环境容量是指在人体健康、人类生存和生态系统不受损害的前提下，一定地域环境中能容纳环境有害物质的最大负荷量。

5. 环境标准

环境标准是指为保护环境质量和人群健康，维持生态平衡，由权威部门发布的环境技术规范。

6. 环境评价

环境评价是按一定的评价标准和评价方法对一定区域范围内环境质量被影响的程度进行描述、评定和预测，包括环境影响评价和环境质量评价两个方面。

2.2.4　资源–生态–环境交叉融合相关术语

1. 生态环境

已故的中国科学院院士黄秉维先生在 1980 年全国人大讨论宪法草案时，认为草案中"保护生态平衡"这一说法不够确切，建议改为"保护生态环境"，从此这一用语成为法定名词。但后来黄先生发现这个提法不当，在自己的文章中明确指出"顾名思义，生态环境就是环境，污染和其他的环境问题都应包括在内，不应该分开，所以我这个提法是错误的"（钱正英等，2005）。

为何黄先生认为"生态环境"有误？因为从严格的科学系统来看，尽管生态学与环境学存在联系与交叉，但它们是有区别的。生态学是研究生物与环境、生物与生物之间相互关系的学科；环境学是研究围绕人类或生物（不把人以外的生物看成环境要素）的空间及其中可以直接、间接影响人类生活和发展的各种自然因素和社会因素总体的学科。在环境学中多把人类作为主体，而在生态学中多把生物作为主体。

由上可见，生态是与生物有关的各种相互关系的总和，不是一个客体；而环境则是一个客体。把环境与生态叠加使用不妥，从这个层面来看，生态环境就是自然环境。因此，2003 年由孙鸿烈院士等负责编制的《国家中长期科学和技术发展规划纲要（2006—2020 年）》就没有再沿用过去的"生态环境"提法。

2. 资源环境

资源是可为人类服务或利用的环境要素，跟环境一样存在主客体之分，资源环境就是资源之外的环境要素。因此，"资源与环境"这两者之间不仅存在非常密切的相互关系，而且存在"正、反"或"正、负增益"的响应和效益。简单而言，凡是可为人类服务或利用的环境要素都是资源，凡是环境要素的负面作用都是对人类生存不利的灾害，如水少为旱灾，水多为涝灾。

3. 资源生态系统结构

资源生态系统结构是指资源生态系统构成要素在空间和时间上所有关联方式的总称。

4. 土壤生态系统结构

土壤生态系统是指土壤生态系统中生物的种类、数量和所占据的空间等因素的构成及其相互依存的关系，包括空间结构及营养结构。

2.3　观测-监测体系基本理论

"观测"与"监测"是自然资源研究领域最基本的方法和手段，作为术语在学术研究和管理实践中广泛使用。但基于不同专业背景，不同的学者和管理部门对这两个词语有着各自的理解和解释，这就给相关领域内的科学研究和管理决策带来较大的歧义和麻烦。鉴于观测、监测在获取自然资源状态数据信息、预测评估发展趋势和科学决策方面的重要作用，自然资源部在 2018～2020 年相继出台的《自然资源科技创新发展规划纲要》（自然资发〔2018〕117 号）、《自然资源调查监测体系构建总体方案》（自然资发〔2020〕15 号）、《全国重要生态系统保护和修复重大工程总体规划（2021—2035 年）》（发改农经〔2020〕837 号）和《关于做好自然资源要素综合观测工作的函》（自然资办函〔2019〕1855 号）中都提到了观测、监测体系构建（自然资源部，2019，2020a，2020b）。如何准确掌握这些文件中观测、监测内涵，科学构建自然资源观测、监测体系，是当前我国自然资源研究和管理领域面临的重大科学问题。本书在分析研究"观测""监测"的本身内涵、学术界习惯用法和自然资源部有关界定的基础上，就观测体系、监测体系和观测-监测体系三种类型体系构建进行思考分析。

2.3.1　词义本身内涵

观测：①观察并测量；②观察并测度；③观察推测。观测侧重于对事物本身规律、现象的研究，并获取相关的数据和科学推断结论。

监测：监视检测，即监视、监听、监督和测试、测量、测验。监测侧重于为达到某种目的、目标开展相关的监视、监听和监督，并围绕这种目的、目标开展测试、测量、测验和评价。

从科学认识自然资源的角度出发，观测是一种自然客观现象、规律的观察和记录，可以理解为给自然"体检"，结果一般具有探索性和不可预见性；监测则是为实现某些自然客观现象、规律按照预设的目标、目的演化，而利用观测手段进行监察、监测，为人工科学干预提供支撑，可以理解为给自然"治病专科检查"，结果一般都很明确，要么离目标越来越远，要么越来越近。

2.3.2　学术界习惯用法

观测一般与研究搭配。例如，生态观测研究、森林生态观测研究、冰冻圈观测研究。观测是一种客观自然现象的描述与记录，通过这些描述与记录，可以发现并判别某些潜在危险（如灾害、污染）或某种特别感兴趣的信息（如生物多样性、植被面积变化、耕地作物类型）；观测地应力可以用来监测地震，也可监测建筑物地基稳定性，还可监测地裂缝灾害等。

监测一般与预警（评估）搭配。例如，大风、海啸、降雨、雾霾等大气监测预警；水质、水位、洪峰等水文监测预警；地震、火山、泥石流、滑坡、地面沉降等地质灾害监测预警；外来物种入侵、生物多样性、病虫害等生物监测预警。

因此，观测主要面临的是科学布局、统一指标、统一观测标准、共享数据问题；监测则主要面临的是科学选择观测指标数据、确定评价方法和临界（阈）值问题，从这点上来看，观测是基础，监测是应用，两者不矛盾。开展系统观测研究，获取数据、参数进行分析评价，达到监测预警、评价评估目的。如通过地应力场、地磁场观测实施地震监测；通过地裂缝、工程形变观测实施工程稳定性监测。

通常根据目的、需求不同，可分为三类体系：一是以掌握自然客观现象、规律为目的的观测体系，如生态系统观测、对地观测、自然资源要素综合观测等；二是为实现特定目标任务的监测体系，如地震监测、地质灾害监测、环境监测；三是两者兼有的观测-监测体系，一般观测体系都可实现多个监测体系功能，如地应力观测可以实现地震监测、地面沉降灾害监测、建筑物结构安全性监测等多目标。

2.3.3　自然资源部的正式表述

1. 自然资源监测

自然资源监测主要是掌握自然资源自身变化及人类活动引起的变化情况，从而服务监管的一项工作，实现"早发现、早制止、严打击"的监管目标。可以理解为关注 A 状态向 B 状态转变的结果，即知其然。主要包括以下三种类型监测。

（1）常规监测：每年（12 月 31 日为时点）开展全覆盖动态遥感监测，掌握年度变化，支撑数据更新、监督执法和考核。

（2）专题监测：①地理国情监测，每年（6 月 30 日为时点）开展地表覆盖变化监测，掌握水草丰茂期各类自然资源状况，支撑耕植状况、生态保护修复效果督察执法监管；

②重点区域监测，开展国家重大战略决策区资源-环境-生态变化监测，掌握重大战略决策实施状况，支撑事中监管和科学决策；③地下水、海洋资源、生态状况监测，开展地下水资源、海岸带、海岛、生态等突出问题区监测，支撑执法监管和科学决策。

（3）应急监测：对社会关注的焦点和难点问题开展应急监测工作，突出"快"字，响应快、监测快、成果快、支撑服务快，第一时间为决策和管理提供第一手的资料和数据支撑。

　　2. 自然资源要素综合观测

自然资源要素综合观测揭示自然资源及环境要素的变化状况及其动因，探索资源-生态-环境系统演化和相互耦合作用机理，为自然资源重大决策提供科学依据。可理解为主要关注 A 状态向 B 状态转变的过程和动因机制，即知其所以然。

2.3.4　观测-监测实际应用情况

　　1. 我国典型领域的实际应用情况

利用中国知网，选用观测、监测两个词进行检索，共搜集到 500 余篇两词共同出现的文章，经过归类筛选，选取了典型领域代表性文章表述如下。

（1）气象领域：《风云二号气象卫星红外观测在云团降水监测中的应用》《气象卫星和气象雷达观测资料在雷电监测预警中的应用研究》《射电与微波辐射成像观测及其在空间天气监测中的应用》。

（2）建筑领域：《沉降观测在高层建筑物变形监测中的应用》《基于三维坐标观测的大跨连续刚构桥主梁挠度监测与评估》《多种变形观测在尾矿坝运行安全监测中的应用》。

（3）灾害领域：《高灵敏度地下水流速流向观测系统在地质灾害监测预警领域的应用》《基于 3S 技术和地面变形观测的三峡库区典型地段滑坡监测系统》《地壳变动观测技术在火山、地球动力学中的监测研究》。

（4）地震领域：《地壳形变观测在地震监测预报中的发展与应用研究》《甘肃及邻区数字化气氡观测及其地震前兆监测效能评估》《地电阻率观测新技术及其在地震前兆监测中的应用》《青海地区井水温度（地温）的数字化观测及地震前兆监测效能评估》《首都圈跨断层流动形变观测资料映震能力及场地监测能力分析》《地磁观测对地震活动的监测能力问题概述》。

（5）农业领域：《基于倾斜遥感观测的小麦白粉病胁迫下叶绿素含量监测》《物候观测在美国白蛾监测预报中的应用》《利用遥感数据和气象观测数据结合监测德州旱情方法探讨》。

（6）环境领域：《伽玛能谱中长期观测在地质事件及环境的监测中的应用研究》《海底观测网建立对我国海域天然气水合物开采环境监测的启示》。

（7）空-天-地立体观测与专项监测：《遥感结合地面观测的毛竹林碳水通量监测研究》《基于地面观测的遥感监测蒸散量验证方法研究》《卫星遥感结合地面观测数据的土壤墒

情监测分析系统》《基于 ICESat/CryoSat-2 卫星测高及站点观测的纳木错湖水位趋势变化监测》《对空间观测技术用于地震监测的探索》《基于地基观测的城市社区碳排放监测研究》《欧空局地球观测计划及其在业务环境监测中的作用》《构建国家对地观测体系、监测资源环境动态变化》《对地观测技术在重大自然灾害监测与评估中的应用实例分析》《基于天地一体化对地观测数据处理技术的桥梁三维实时动态监测系统开发及应用》《利用地球观测系统卫星监测火山》。

2. 国内外重大观测-监测计划应用情况

梳理国内外近几十年来重大科学计划，以下这些都涉及观测、监测体系的构建。

（1）观测计划：全球陆地观测系统（GTOS）、全球海洋观测系统（GOOS）、全球气候观测系统（GCOS）、全球大气观测网（WMO/GAW）、美国国家生态观测站网络（NEON）、中国森林生态系统定位研究网络（CFERN）、中国生态系统研究网络（CERN）。

（2）监测计划：全球大气监测网（WMO/GAW）、全球冰冻圈监测网（GCW）、全球环境监测系统（GEMS）、加拿大的生态监测与分析网络（EMAN）。

2.4　自然资源要素观测研究的重要意义

自然资源是人类生产和发展的重要物质基础，合理开发利用和科学保护自然资源是人类面临的永恒主题。通过长期持续的自然资源要素综合观测，能够全面摸清我国自然资源家底，掌握基本现状和分布规律，即可知其然；通过观测研究工作，破解自然资源系统各要素间及其与生态环境系统间的内在联系和发展规律，即可知其所以然，并能精准模拟预判未来几十年、几百年的发展演化趋势（刘晓煌等，2020）。对于贯彻人与自然和谐共生、节约优先、保护优先、自然恢复方针，具有重要意义，是开展国土空间用途管制、生态保护修复治理、合理开发利用自然资源等工作的基础。

自然资源要素综合观测网络工程启动以来，在取得一定成果和经验的同时，也面临不少问题与挑战，观测研究工作亟待进一步加强。有必要对现有工作展开全面总结、梳理经验得失，并提出未来工作的方向与展望，以期有效加强野外观测研究工作，不断提升对资源监管的支持能力。

（1）获取自然资源家底现状、演变过程和未来状态全过程数据的需要。开发利用自然资源既要掌握自然资源现在的状态，支撑当代人过上幸福生活；也要科学预判自然资源未来的状态，为子孙后代留下生存根基。调查监测主要是获取自然资源现状、变化结果等数据，其中调查目的是适时或定期摸清自然资源家底，监测目的是掌握自然资源变化服务执法监督。自然资源要素综合观测研究（以下简称"观测研究"）主要是获取自然资源变化动因机制、演变趋势和未来状态等数据。目的是通过长期-连续-高频次多圈层内交互、多要素-多过程-多尺度耦合观测研究，结合调查监测成果，探究自然资源系统内各资源间耦合作用、平衡配比，以及资源种类、数（质）量分布变化规律；构建资源演变状态与控制因素、时间的关系模型，根据调查监测资源现状数据、预设情景，预测未来资源状态。

（2）掌握资源、生态环境和自然灾害耦合机理，支撑空间规划、生态环境保护修复和减灾防灾的需要。生态环境灾害问题归根到底是资源开发利用问题，应坚持以节约优先、保护优先、自然恢复为主，守住自然生态安全边界，坚持山水林田湖草系统修护保护。当前我国经济社会高速发展，自然资源消耗加剧：①能源资源的过度利用导致温室效应加剧，气候变暖、冰川冻土消融，加剧了冰湖溃决、冰崩等灾害发生的频次和古老病毒复活的风险；②资源的过度开采导致地下水水位下降、地面沉降，诱发地震灾害频发；③林草、耕地、水资源不合理利用引发土地盐渍化、石（荒）漠化，频繁诱发泥石流、滑坡等灾害；④湖泊、湿地和海岸带资源的过度开发，导致面积萎缩、赤潮频发，生物多样性退化。通过长期、稳定的观测研究，准确掌握资源的开发利用程度和生态环境灾害状况，探究相互间耦合机理和安全边界阈值、评价协调程度和国土空间"双评价"；构建资源、生态环境和自然灾害模型，模拟预判发展演变趋势和未来状态，提出监测评估和预报预警。坚持尊重自然、顺应自然、保护自然，跟踪评价重大生态环境保护修复项目的实施效果，实现可持续发展战略和建设人与自然和谐共生的现代化。

（3）解决自然资源领域的重大科学问题，提升自然资源科技创新能力和国际竞争力。野外定点长期观测研究是人类认识自然现象、探索自然规律的重要手段和方法。虽然当前森林、草原、海岸带等不同生态系统纵向观测研究正在不断深入，但不同系统间横向观测研究仍薄弱；地表水、地下水、土地、气象等资源环境单要素监（观）测体系健全，但监（观）测要素单一；应对监（观）测站网分部门管理，观（监）测数据缺乏共享、融合和统一管理，数据价值未得到深入挖掘。

当前，我国自然资源观测研究工作存在若干短板，导致创新能力和国际科技竞争力不足：①自然资源资产化理论、自然资源价值内涵尚不完善，生态产品价值实现机制尚未建立；②缺乏研究自然资源系统平衡以及与生态、环境耦合关系的关键性研究，特别是降水量、地下水和水蒸发之间水平衡的研究亟待推进；③目前具有战略意义和完全自主知识产权的尖端装备不足，关键设备依赖进口，更缺乏自然资源监测装备的技术研发群体，核心技术掌握在外人手里；④在国际河流争端中，缺乏对跨境河流境外部分的长期观测数据，西方国家则展开过系统研究、掌握了话语权，使得我国在维护国家水权益和战略利益时处于被动地位；⑤对国家生态文明建设目标的精准观测数据难以公开、透明发布，不利于气候变化外交斗争。必须以自然资源要素综合观测网络建设为契机，创新自然资源要素综合观测理论、积极研发自主知识产权观测装备技术、填补国内外涉及国家重大战略利益的自然资源观测空白，从而提升中国在自然资源领域的国际科技竞争力。

参 考 文 献

毕思文，许强. 2002. 地球系统科学. 北京：科学出版社.

刘晓煌，刘晓洁，程书波，等. 2020. 中国自然资源要素综合观测网络构建与关键技术. 资源科学，42（10）：1849-1859.

钱正英，沈国舫，刘昌明. 2005. 建议逐步改正"生态环境建设"一词的提法. 科技术语研究，21（2）：20-21.

孙九林. 2006. 地球系统科学理论与实践. 地理教育，27（1）：4-6.

周秀骥. 2004. 对地球系统科学的几点认识. 地球科学进展，19（4）：513-515.

自然资源部. 2019. 《自然资源部办公厅关于做好自然资源要素综合观测工作的函》.

自然资源部. 2020a. 《自然资源调查监测体系构建总体方案》.

自然资源部. 2020b. 《自然资源科技创新发展规划纲要》.

Miller G T，Spoolman S. 2007. Living in the environment. Beijing：Higher Education.

第 3 章　自然资源观测研究历史和发展趋势

3.1　国外观测研究历史和现状

自然资源是人类赖以生存和国家经济社会发展的物质基础，也是人民群众幸福生活的基本保障。人类社会的发展史就是一部改造和利用自然资源的历史。生态科学、地球科学的发展及相关自然现象和规律的认知，在很大程度上依赖于系统、连续和可靠的基础数据，对自然资源进行观测是开展相关研究的基础。观测、监测网络的构建，将成为获取第一手观测数据的主要来源，是揭示自然现象和推动学科发展的重要平台，也是各国提升自然科学研究和创新能力的必然选择。

3.1.1　国外观测研究史

早在 18～19 世纪，各发达国家便相继提出了针对各类生态、环境、自然资源的观测计划，陆续成立了相关组织，并设立了服务于不同需求的观测站。世界上最早开展生态环境定位观测研究的是英国的洛桑实验站。该实验站于 1843 年开始农业生态系统的观测试验，主要针对土壤肥力、作物生长及肥料效益等进行研究，以提升对土壤资源的利用效率，平衡作物生产与化肥污染，所设立的七个长期定位试验已经连续进行了 150～170 年（赵方杰，2012）。1908 年，美国在亚利桑那州建立了第一块试验林——瓦利堡实验林（Fort Valley Experimental Forest），主要开展对森林生态环境变化的观测，这也是人类对森林资源科学开发与保护的第一步探索（于雷等，2017）。

20 世纪下半叶，随着全球人口的不断增长和社会经济的飞速发展，人类对自然资源的掠夺式经营导致了生态系统的退化以及生态环境的恶化，造成森林毁坏、生物多样性丧失、水体富营养化等一系列的生态灾害；气候变暖、土地沙化、水土流失、干旱缺水等环境问题正严重威胁着人类的生存发展。随着 1972 年"联合国人类与环境会议"和 1992 年"世界环境与发展大会"的召开，以及 1997 年《京都议定书》的签订，人们越来越关注地球系统状况的各种信息；同时，各国政府在自然资源管理、生态保护、应对全球气候变化和实现可持续发展等宏观决策中也需要相关信息和数据作为科学依据。

20 世纪 80 年代以来，不同国家和国际组织面向具体的问题，进一步推出和完善综合资源要素的大型观测计划，启动和开展了国家和地区层面的重大野外观测实验研究计划，提出长期生态和环境观测的联网研究（表 3-1）。

表 3-1　国外典型野外观测站网

观测尺度	国家或组织	开始年份	站网名称	观测（监测）要素
国家尺度	德国	1980 年	森林资源调查和监测	森林资源
	英国	1990 年	英国环境变化研究监测网络（ECN）	大气、土壤、作物、植被、地表水等
	加拿大	1994 年	加拿大的生态监测与分析网络（EMAN）	生态系统的变化
	美国	2000 年	美国国家生态观测站网络（NEON）	气候、生物多样性和功能、土地利用等
	澳大利亚	2000 年	澳大利亚的陆地生态系统研究网络（TERN）	地形、土壤、植物、动物等生态系统变化的关键因素
区域尺度	亚洲通量网、中国科学院、韩国国家农业气象中心、日本 NARO 生物技术研究促进机构等	1998 年	亚洲通量观测网络（Asia Flux）	生物圈与大气之间的二氧化碳，水蒸气和能量交换
	美国国家科学基金会、美国地球科学部	2007 年	关键带观测网络（CZO）	关键区域的水文、地质、地貌、土壤、生物等
	欧盟资源环境综合监测机构	2014 年	哥白尼计划（Copernicus）	大气、海洋、陆地、气候等
全球尺度	世界冰川观测服务（WGMS）	1894 年	全球陆地冰川观测网（GTN-G）	冰川面积、形状、冰厚度、运动速度等
	世界气象组织、日本等	1992 年	全球气候观测系统（GCOS）	大气、海洋、水文、冰雪和陆地过程
	美国国家科学基金会（NSF）	1993 年	国际长期生态系统研究网络（ILTER）	生物多样性、气候变化、土地利用等
	联合国粮食及农业组织（FAO）	1996 年	全球陆地观测系统（GTOS）	土地利用变化、水资源管理、生物多样性的丧失及气候变化
	世界气象组织、政府间海洋学委员会（IOC）、国际科学联合会理事会和联合国环境规划署	1996 年	全球海洋观测系统（GOOS）	气候资源、海洋资源、沿岸环境等
	全球通量观测网络社区、美国劳伦斯·伯克利国家实验室	1998 年	全球通量观测网络（FLUXNET）	生物圈与大气之间的二氧化碳，水蒸气和能量交换
	联合国、欧盟和美国环境规划署	2002 年	全球综合地球观测系统（GEOSS）	气候、海洋、水体、陆地、自然资源等
	世界气象组织	2007 年	全球冰冻圈监测网（GCW）	包括固态降水、海冰、河冰、冰山、冰川、冰盖、冰架和冻土的冰冻圈
	国际地球观测组织	2008 年	国际生物多样性观测网络（GEO BON）	生物多样性变化
	联合国教科文组织、国际地下水资源评估中心	2011 年	全球地下水监测网络（GGMN）	跨界含水层、地下水

国家尺度的网络，如 2000 年美国国家基金会启动的国家生态观测站网络（NEON），主要任务是分析环境变化的原因、后果和对环境变化趋势做出预判，重点关注生物资源和气候变化等问题（赵士洞，2005），以及美国国家科学基金会（NSF）启动的美国长期生态学研究网络（US-LTER）、英国环境变化研究监测网络（ECN）、加拿大的生态监测与分析网络（EMAN）、澳大利亚的陆地生态系统研究网络（TERN）等。

区域尺度的网络包括：由亚洲通量网、中国科学院、韩国国家农业气象中心、日本农业、食品产业技术综合研究机构等主办的亚洲通量观测网络（Asia Flux），由美国国家科学基金会和美国地球科学部联合主办的关键带观测网络（CZO），由欧盟资源环境综合监测机构开展的哥白尼计划（Copernicus），以及泛美全球变化研究所（IAI）、亚太全球变化研究网络（APN）、欧洲全球变化研究网络（ENRICH）、热带雨林多样性监测网络（CTFS network）等。

全球尺度的野外观测体系包括：全球综合观测协作体（IGOS）中的全球气候观测系统（GCOS）、全球陆地观测系统（GTOS）和全球海洋观测系统（GOOS）。其中，全球气候观测系统是由世界气象组织（WMO）和联合国教育、科学及文化组织（UNESCO）及政府间海洋学委员会（IOC）、联合国环境规划署（UN Environment），以及国际科学理事会（ISC）共同主办的；全球陆地观测系统是由联合国粮食及农业组织（FAO）主办的；全球海洋观测系统是由政府间海洋学委员会（IOC）主办的。除此之外，还形成了很多侧重某些要素的全球尺度的野外观测体系，包括世界气象组织全球大气观测网、全球冰冻圈监测网、国际长期生态系统研究网（ILTER）、全球通量观测网络（FLUXNET）、IUGG 全球地球动力学计划（GGP）、全球环境监测系统（GEMS）等重大国际科学计划。

目前，世界上已持续观测 60 年以上的长期定位实验站有 30 多个，主要集中在欧洲、俄罗斯、美国、日本、印度等地区。这些被称为"经典性"的长期定位实验站，在土壤-植物系统中水分、养分循环、施肥对土壤肥力演变及环境的作用、农业生态与病虫害、农业统计与计算机软件等方面，进行了长期而系统的观测研究，并做出了科学的评价。研究结果对世界化肥工业的兴起和发展、科学施肥制度的建立、农业生态和环境保护、农业生产的发展，甚至对计算机软件的发展都起到推动作用。

对于森林生态系统的定位研究也有数十年的历史，著名的研究站有美国的巴尔的摩（Baltimore）生态研究站、哈伯德布鲁克（Hubbard Brook）试验林、科维塔（Coweeta）水文实验站等，以及苏联的台勒尔曼台站和坚尼别克台站、瑞典的斯科加贝台站、德国的黑森台站、瑞士的埃曼泰尔台站等。在过去，这些台站的研究内容基本上都以生态系统自身和系统外循环有关的功能过程为主，随着区域性和全球一体化，这些生态定位站开始参与一些国际性计划。

冰川监测服务也是开始于 20 世纪，主要针对冰川资源面积、形状和运动速度、冰厚度、雪线等指标进行观测，掌握冰川资源数量平衡状况和冰川水资源供给量变化；海洋方面的监测包括浅海（大气、海通量、浮游生物等）和深海观测指标（海洋表面温度、营养物等）、服务海洋资源、海岸带管理和气候预测研究等。

3.1.2　国外典型观测网络介绍

1. 美国长期生态学研究网络

美国长期生态学研究网络（US-LTER）建立于 1979 年，由美国国家科学基金会支持，是建立最早、包括生态系统类型最全、设备最完善的生态系统研究网络（赵士洞，2004）。经过 20 多年的发展，该网络在生态学研究及生态系统管理方面取得了一系列重要成就。当前的研究和观测重点集中在生物多样性改变的生态效应、生物地球化学循环改变的生态效应、生态系统对气候变化和气候波动的响应、人为-自然复合过程对生态系统的影响上。

长期生态学研究中有些环境问题常常超越国界，其所需的数据也不仅仅局限于一个国家。在美国长期生态学研究网络的基础上，于 1993 年建立了国际长期生态系统研究网（ILTER），它的成立是为了满足长期生态研究人员之间日益增长的全球沟通与合作需求，并在全球变化的背景下调查生态现象（于秀波和付超，2007）。其目的是：①促进和加强对跨国界和区域的长期生态现象的理解；②促进不同研究地点和多学科科学家之间的相互交流；③促进观测和实验的可比性以及研究和监测的整合，鼓励数据交换；④加强培训和教育；⑤增进生态系统管理的科学性，改善大的空间和时间尺度的预测模型。

2. 英国环境变化研究监测网络

英国环境变化研究监测网络（ECN）成立于 1992 年，是国际上重要的生态系统研究和监测网络之一。其目的是监测具有重要环境意义的诸多指标，获得可供比较的长期数据，揭示自然或人为导致的环境变化并探索变化的起因，区别短期波动与长期波动的变化趋势，并预测未来的变化。ECN 在监测内容、研究重点、网络管理、数据管理及应用方面皆有严格的规章制度。

与美国 LTER 相比，ECN 对监测工作更加重视。截至 2006 年，ECN 已经建成了由 45 个水体站和 12 个陆地站组成的监测网，覆盖了英国的主要环境梯度组分，对 260 个驱动或反映环境变化的因子进行监测（刘海江等，2014）。ECN 的监测内容包括影响生态系统的主要因子，如气候、大气污染物、土地利用方式和土地管理模式等，以及这些因子变化所引起的生态系统反应，如生物多样性的变化、水资源的变化（包括水量与水质）、土壤质量的改变及土壤退化等。近年来，ECN 对气候变化及水质的研究更加重视。ECN 在生物方面的监测内容主要包括植被、脊椎动物、无脊椎动物及土壤动物。

3. 加拿大的生态监测与分析网络

加拿大的生态监测与分析网络（EMAN）包括 90 多个监测站，分布在加拿大的 14 个陆地生态区中，代表 17 个陆地生态单元。EMAN 主要通过对不同尺度的环境变化过程进行长期监测，分析引起变化的原因，如同温层臭氧损耗导致的紫外线辐射增加、大气 CO_2 浓度增加、年均气温升高、酸雨、对流层臭氧、有毒物质等对生态系统变化的影响，最终设计和评价合适的控制措施。在农业环境方面，监测 6 个方面 14 个指标，涉及农场环境管理、土壤质量、水体质量、温室气体排放、农业生态系统多样性、生产强度。其中，一部分为统计综合指标；另一部分为利用模型计算的指标，利用这些指标评价农业的可持续性。

3.1.3　国外观测网络特点

从 20 世纪 80 年代开始，国外先后建立起了区域、国家甚至全球尺度的观测（监测）站网，这些观测站网在观测尺度、方法手段、运行机制及成果应用方面主要有以下特点。

（1）观测尺度：重视长期连续观测和数据积累，主要围绕区域尺度、国家尺度和全球尺度进行系统观测研究。

（2）方法手段：采用自动化观测仪器设备开展系统联网观测，形成了天-空-地一体化立体观测，具有完善的体制机制和标准体系，能够实现数据共享和多学科综合观测。

（3）运行机制：采取多部门、跨国界联合观测，具有布设站点密集、观测与监测周期短等特点。

（4）成果应用：主要形成预警监测、综合观测、科学研究和政府决策一体化服务功能。

这些观测研究网络将多学科交叉、多站点联网、天-地-空一体化协同观测作为构建野外观测实验体系的主要思路，均以实现高频率、全覆盖长期连续观测以及数据资源共享作为建设目标。生态和环境观测（监测）网络的不断完善预示着随着科学技术与生产工具的不断发展，人类对自然界深层规律的探索和对自然资源的开发都提出了新的思路与要求，对自然资源要素综合观测也提供了相当的启发与参考。

3.2　国内观测研究历史和现状

3.2.1　国内观测研究史

中国开展自然资源野外科学观测和实验研究工作稍晚于英国、美国等发达国家，但中华人民共和国成立以来，政治经济、科学技术快速发展，一方面科学研究的飞速发展推动着自然资源观测手段与能力的不断丰富与强大，另一方面自然资源观测所获得的海量数据同时也反哺科学研究。

我国最早的生态环境观测站是建立于 1956 年的宁夏沙坡头沙漠研究试验站，旨在观测沙漠地区生态系统的重建与沙漠地区农作物的生长，长期致力于防沙固沙理论与工程研究，在沙漠植物的研究、沙漠缘区的固阻、沙漠铁路防护林的建立等方面取得了众多重要的成果，试验站于 2000 年被选为国家重点野外科学观测试点站，于 2006 年被正式批准为国家重点野外科学观测站（李爱霞等，2014）。

内蒙古草原生态系统定位研究站建立于 1979 年，对我国温带典型草原植物群落的结构和组成、地上或地下生物量的动态变化连续积累了 20 多年的基本资料，并通过对这些资料的分析，揭示了典型草原生态系统保持长期相对稳定性的功能群互补机制。

20 世纪 50 年代，我国逐步开始对森林资源进行观测，并发展中国森林生态系统定位研究网络（CFERN），现今已发展为覆盖全国森林资源的观测（监测）网络，同时，关于湿地、荒漠等资源的观测（监测）网络也在建设之中。

1988 年，中国生态系统研究网络（CERN）由中国科学院着手建设，并于 1992 年正式建成，由 1 个综合中心和 5 个学科分中心组成（赵士洞，1999）。该观测网络横跨生物、土壤、水分、大气、水域五大系统，覆盖农田、森林、草原、荒漠、湖泊、海湾、沼泽、喀斯特及城市 9 类生态系统，观测指标达 280 多个，建立了 42 个综合观测试验场、113 个对比观测试验场、1100 多个定位监测点和 15000 多个调查样地的国家层次生态环境综合观测系统，覆盖了中国主要气候地带和经济类型区域。经过 30 多年的发展，目前已经构成了中国区域长期生态观测-水、碳通量观测-生物多样性观测-陆地样带观测研究一体化的野外综合平台体系。现阶段主要研究方向包括：①我国主要类型生态系统长期监测和演变规律；②我国主要类型生态系统的结构功能及其对全球变化的响应；③典型退化生态系统恢复与重建机理；④生态系统的质量评价和健康诊断；⑤区域资源合理利用与区域可持续发展；⑥生态系统生产力形成机制和有效调控；⑦生态环境综合整治与农业高效开发试验示范。CERN非常重视观测的标准化，制定了一系列水文、土壤、气候和生物要素监测标准方法，建立了数据管理、质控和集成分析系统，监测数据实现了开放共享，成为国家科技共享平台的特色数据资源。

在 CERN 基础上，国家于 2005 年启动了国家生态系统观测研究网络（CNERN）建设任务，目的是对现有的生态系统观测研究台站进行整合，在国家层面上建立跨部门、跨行业的科技基础条件平台，实现资源整合、标准化规范化监测、数据共享。通过对已有台站的评估认证，目前有 53 个台站纳入了 CNERN，其中包括 18 个国家农田生态站、17 个国家森林生态站、9 个国家草地与荒漠生态站、7 个国家水体与湿地生态站以及国家土壤肥力与肥料效益监测站网和中国生态系统网络综合研究中心。

此外，我国水利、农业、气象等行业亦根据其行业发展需求建设了相当大规模的观测体系，其项目多由政府部门牵头主导，覆盖面广阔但规范标准参差不一。

据不完全统计，全国各类野外观测站约 7000 个，自然资源要素综合科学观测研究台站有 600 余个（不含气象、水文等专项监测站），覆盖了农田、森林、草原、湿地、荒漠等多种生态系统类型；涉及水土流失、泥石流、滑坡、冰川与积雪等特殊环境与灾害多个领域，具有明显的多学科特色；在区域布局上，基本覆盖了中国各个生态类型的区划单元（高春东和何洪林，2019）。长期多学科观测和研究，积累了大量基础数据和资料，为学科基础理论研究和前沿问题探索做出了重要贡献，并在科技创新、研究领域拓展和学科交叉建设方面发挥了重要作用。

3.2.2　国内观测网络类型

目前，观测站已成为国家知识创新体系的重要组成部分，也为中国创新人才培养提供了平台（Zhou et al.，2006；Fang et al.，2018；Tang et al.，2018）。根据观测站所属部门、服务对象、目的和功能的不同，将它们分为部门业务网、专项研究网和综合科研网三类（表 3-2）。

表 3-2　国内典型野外观测站网

定位	观测网名称	建设单位	观测点（站）数量	主要观测内容
部门业务网	气象监测站网	国家气候信息中心	41636 个	大气环境、降水、风等
	水文监测站网（地下水）	中国地质调查局	10168 个	地下水资源
	水文监测站网（地表水）	环境监测院	由水文站 6700 余个、水位站 12000 余个、雨量站 51000 余个、报汛站 51000 余个组成	地表水资源
	水土保持监测网	水利部门	175 个	不同水土流失类型区
	国家土壤肥力和肥料效益监测网	农业部门	9 个	不同温带的农业区土壤肥力、施肥制度
	国家土壤环境监测网	生态环境部门和农业部门	由生态环境部 38880 个、农业农村部 40061 个和自然资源部 1000 个监测点位组成	不同类型土壤
	中国数字地震台网	地震局	152 个	不同地震带和区域的地震监测
	环境监测网	生态环境部	—	大气、土壤、海洋、地下水、地表水等资源
专项研究网	黑河流域地表过程综合观测网	北京师范大学和中国科学院	11 个	黑河流域地表过程
	高寒区地表过程与环境观测研究网络	中国科学院	17 个	高寒区地表过程与环境变化
	日地空间环境观测研究网络	中国科学院	9 个	地球空间环境中涉及的磁层、电离层、中高层大气以及地球磁场与重力场
	地球物理观测台网	中国科学院	由专业地球物理站 500 余个、地方站约 500 个组成	重力、地磁、测震、大地电场
	全国材料环境腐蚀试验网站	中国科学院	46 个	大气、海水、土壤腐蚀试验
	区域大气本底观测研究网络	中国科学院	10 个	大气本底
	中国陆地生态系统通量观测研究网络	中国科学院	79 个	陆地生态系统与大气间 CO_2、水汽、能量通量的日、季节、年际变化观测研究
	中国物候观测网络	中国科学院	39 个	植被类型区植物、动物和气象水文等物候现象
综合科研网	中国生态系统研究网络	中国科学院	54 个	生态类型
	中国森林生态系统定位研究网络	林业部门	192 个	森林群落、森林生态系统生物生力、森林生态系统养分元素循环、森林生态系统水量平衡和能量平衡等
	中国陆地生态系统定位观测研究	林业部门	—	森林、湿地等资源
	中国荒漠-草地生态系统观测研究野外站联盟	中国科学院、林业部门、教育和农业部门	30 个	荒漠化、石漠化生态系统和水土流失治理

（1）部门业务网：以部门业务需求为导向，由政府部门主导组建而成，以监测、管理为主，科研为辅，有较为稳定的运行经费，主要围绕服务部门职能、国家减灾防灾和公共社会等开展观测工作。如 2015 年提出的建设生态环境监测网络主要是对我国资源、生态、环境质量状况等进行实时监测，监测对象为大气、地表水、土壤、生物等资源（陈善荣和陈传忠，2019）。

（2）专项研究网：针对某一种资源或某一项具体研究内容进行观测，主要依托重大科学问题或研究课题建站，观测指标体系构建也是如此。如中国陆地生态系统通量观测研究网络（ChinaFLUX），以土壤、植被、大气等资源和生态系统碳循环为主要观测要素，揭示不同生态系统冠层-大气、土壤资源-大气资源和根系-大气界面的碳、氮、水通量计量平衡关系及其时间变异的生物控制机制和地理空间格局（于贵瑞等，2014）。

（3）综合科研网：以科学问题为导向，往往是由多个观测站联合组成的系统网络，围绕水、土、气、生等要素开展综合的观测研究，多以生态系统研究为重点。如 1988 年中国科学院提出了中国生态系统研究网络，包括陆地生态系统和水域生态系统两方面，选取的观测指标以生态指标为主，服务评价生态系统结构、功能等，反映生态系统的健康程度。2018 年，CERN 研究修订了农田、森林、草原、荒漠、沼泽生态系统长期观测指标体系共五套，重点考虑了国家生态环境方面和国际普遍关注的微生物方面的热点问题，针对新形势下观测仪器趋小型化和轻便化的发展趋势，加强了对仪器观测方法的修订（潘贤章等，2018；袁国富等，2019）。

《科技部关于发布国家野外科学观测研究站优化调整名单的通知》（国科发基〔2019〕218 号）数据显示，我国现有 97 个国家级观测站，包括国务院国有资产监督管理委员会、农业农村部、水利部、自然资源部、气象局、地震局、国家林业和草原局等部门业务站 44 个；综合科研观测网 53 个，以综合科研观测网为主。

目前，中国的观测站网主要为中国生态系统研究网络和各单位围绕科研、业务领域的需求而建立的其他站网，侧重科研属性，研究生态系统结构、功能和修复等内容。

一方面，由于现有观测网分布在多个部门，存在观测数据融合难、共享难、统一管理难等问题，数据价值没有得到充分挖掘，难以全面反映国家自然资源态势，在支撑自然资源变化动因机制、发展趋势研究、宏观判断和国家重大战略决策等方面还有待加强和完善。

另一方面，以往在自然资源数量结构变化方面，相关单位主要通过对自然资源几年一次的调查和每年 1～2 次的监测获得；但对自然资源变化动因、演化趋势和资源环境承载力的科学预判，需要通过对自然资源各要素进行长期、连续、稳定的观测，从而获取资源间耦合作用过程、变化趋势和速度等关键数据。而现有此类过程观测数据的匮乏，已经成为制约中国自然资源统一管理的一个问题。

因此，本书以地球系统科学理论和"山水林田湖草是生命共同体"理念为出发点，试图构建全国自然资源要素综合观测体系，通过多方技术与手段融通，突破关键技术瓶颈，实现观测成果向管理决策的转化，服务新形势下自然资源统一管理需求。特别是在自然资源观测体系的构建中，对原有的中国森林生态系统定位研究网络、中国生态系统研究网络及各业务部门观测网络，拟采取站点合作共建与数据互联共享的形式，将数据进一步筛选加工，挖掘原有数据中的资源属性，为自然资源的管理与评价提供数据支持。

3.2.3 自然资源要素综合观测与现有生态系统要素观测对比分析

自然资源要素综合观测和现有生态系统要素观测既有关联，又有区别。观测要素既有重合，又各有特色和针对性。两种观测都是通过布设合理的观测站网，设定观测指标获取并积累观测数据，服务特定观测目的，区别主要体现在空间单元划分方案、观测目标、具体指标和服务对象等方面，如表 3-3 所示。

表 3-3   自然资源要素综合观测与现有生态系统要素观测对比表

观测类型	自然资源要素综合观测	现有生态系统要素观测
观测对象	自然资源（土地、森林、草原、水、湿地、海域海岛等资源）	生态系统（森林、草地、荒漠、水域、城市等生态系统）
空间单元	自然资源区划	生态功能区划
观测目标	服务自然资源管理，掌握自然资源数量、质量变化动因机制和资源间耦合作用过程等	以科研为主，掌握生态系统结构、功能及动态变化规律等
具体指标	年耕地播种总面积、森林蓄积量、牧草产量、地下水位、冰川冰储量等	林冠结构、植被密度、植被营养元素、微生物量、地下水位等
服务对象	以政府管理部门为主	以科研院所为主

中国现有相关观测（监测）指标体系已有效服务于各类观测网络，获得了大量重要的基础数据，解决了许多生态环境问题，促进了人类对各类生态系统有更深的认识和了解。但是自然资源要素综合观测与现有生态系统要素观测存在明显区别，现有相关观测（监测）指标体系以生态观测指标为主，无法满足国家尺度上对于自然资源管理的需求，目前仍旧缺乏自然资源要素综合观测的指标体系。因此，在原有各类观测指标体系基础上，构建一套适用于中国国家尺度、符合自然资源分布规律、满足自然资源统一管理、反映自然资源整体性、系统性，以及资源间耦合作用过程、便于统一实施的标准化自然资源要素综合观测指标体系，便成为当前迫切需要研究解决的问题。

3.3   自然资源观测未来发展趋势

人类社会的可持续发展是地球科学所面临的最严峻挑战，资源、生态、环境问题是制约人类社会可持续发展的主要问题。坚持加强地球系统科学领域的综合观测能力，掌握观测领域未来发展趋势，不断深化改革，提升研判变化趋势的综合科研实力，是整体解决全球性资源、生态、环境问题的必要途径。

从目前国内外典型观测网络的发展趋势上看，有以下特点。

一是多个台站甚至多个观测研究网络的联网观测与研究逐渐成为主流。随着研究的时空尺度不断拓展，基于单个台站的数据资料已经无法满足研究需要，需要将跨区域的不同监测站点甚至不同观测网络进行联合观测与研究，建立从样地到区域甚至到全球多尺度的、系统的观测与研究成为趋势。

二是重视观测的标准化、规范化与数据共享。进行系统的联网观测研究必须保证数据的可比性。因此，规范化、标准化观测尤为重要，目前几乎每个观测研究网络都将观测行为的标准化和规范化作为首要任务，另外也在积极推动观测数据的共享。今后需要继续推进观测的标准化和规范化，进一步统一不同生态环境观测网络的观测标准，最好建立国际统一的观测标准和规范。

三是观测手段多样化、自动化水平不断提高。综合应用各种现代化的观测手段与技术，开展个体-景观-区域尺度的综合观测，加强地面观测和遥感观测的有机结合，进一步强化定位动态观测、样带的移动观测与卫星遥感监测三位一体的立体化、跨区域、跨尺度的综合性野外观测。

四是观测数据精准化。随着生态环境观测设备、实验仪器以及通信技术的不断发展，特别是成套自动观测设备的大量装备和监测数据精确性得到提高，部分监测指标数据获取的频率从原来的以天为单位甚至提高到以秒为单位。

五是利用现代化的信息技术、数据同化、数据模型融合等新技术建立基于多尺度观测、多种数据资源的融合系统，通过计算机网络实现数据的远程管理和共享，提高自然资源要素综合观测数据的开放度、共享度，以及提升相关部门履职尽责的业务水平。

六是跨部门合作模式。空-天-地一体化感知、物联网、人工智能、高性能计算机等技术发展，使跨部门、多学科、高度融合成为可能，为破解自然资源生态系统运行规律奠定了基础，如欧洲生态系统观测与实验研究网络整合高精度数据集，实现了复杂变化下的自然资源和生态环境预测模拟，服务国家、区域、流域等多尺度的自然资源可持续管理。

七是综合观测与模型模拟日益得到重视。地面长期定位观测数据在空间尺度上具有局限性，只能反映有限空间范围的状况及变化过程，为了实现对区域甚至更大尺度生态系统结构、过程和功能的观测研究，需要将长期定位观测数据、遥感数据、地理空间数据进行集成和同化。同时，借助数学模型开展的综合研究日益得到重视，能全面提升区域尺度资源与环境问题综合研究能力和服务自然资源要素综合管理的决策支持能力。

参 考 文 献

陈善荣, 陈传忠. 2019. 科学谋划"十四五"国家生态环境监测网络建设. 中国环境监测, 35（6）: 1-5.

高春东, 何洪林. 2019. 野外科学观测研究站发展潜力大应予高度重视. 中国科学院院刊, 34（3）: 344-348.

李爱霞, 曹占江, 谭会娟. 2014. 沙坡头站荒漠生态环境长期定位监测数据信息管理系统的建设与发展. 中国沙漠, 34（2）: 617-624.

刘海江, 孙聪, 齐杨, 等. 2014. 国内外生态环境观测研究台站网络发展概况. 中国环境监测, 30（5）: 125-131.

潘贤章, 吴冬秀, 袁国富, 等. 2018. CERN 观测指标、方法及规范的研究与修订. 北京: 中国科学院.

袁国富, 朱治林, 张心昱, 等. 2019. 陆地生态系统水环境观测指标与规范. 北京: 中国环境出版集团.

于贵瑞, 王秋凤, 方华军. 2014. 陆地生态系统碳-氮-水耦合循环的基本问题、理论框架与研究方法. 第四纪研究, 34（4）: 683-698.

于雷，杨洪国，梁巍. 2017. 美国试验林网络体系建设和发展.世界林业研究，30（5）：88-92.

于秀波，付超. 2007. 美国长期生态学研究网络的战略规划——走向综合科学的未来. 地球科学进展，22（10）：1087-1093.

赵方杰. 2012. 洛桑试验站的长期定位试验：简介及体会. 南京农业大学学报，35（5）：147-153.

赵士洞. 1999. 中国生态系统研究网络（CERN）——简介和进展. AMBIO-人类环境杂志，28（8）：636-638.

赵士洞. 2004. 美国长期生态研究计划：背景、进展和前景. 地球科学进展，19（5）：840-844.

赵士洞. 2005. 美国国家生态观测站网络（NEON）：概念、设计和进展. 地球科学进展，20（5）：578-583.

Fang J Y, Yu G R, Liu L L, et al. 2018. Climate change, human impacts, and carbon sequestration in China. Proceedings of the National Academy of Sciences, 115（16）：4015-4020.

Tang X L, Zhao X, Bai Y F, et al. 2018. Carbon pools in China's terrestrial ecosystems: new estimates based on an intensive field survey. Proceedings of the National Academy of Sciences, 115（16）：4021-4026.

Zhou G Y, Liu S G, Li Z A, et al. 2006. Old-growth forests can accumulate carbon in soils. Science, 314（5804）：1417.

第4章 自然资源要素综合观测网络构建

4.1 构建背景与思路

4.1.1 需求及背景

随着人类需求的不断增长,自然资源消耗呈现加剧的趋势,带来了一系列资源环境问题,成为制约人与自然和谐发展的障碍性因素,如黄土高原水土流失、草地荒漠化、华北平原地下水紧缺等,但以上环境问题归根到底是资源过度开发、粗放利用、奢侈消费造成的(傅伯杰等,2007;中共中央文献研究室,2017;沈镭等,2018)。同时,要遵循自然生态系统运行规律,实施国土空间有效治理,恢复、修复重要生态安全屏障和生态功能区。迫切需要研究全球气候变化背景下冰川冻土变化、水平衡、生态系统退化等变化规律及其相互影响,为自然资源重大决策提供科学依据。

尽管各类观测网络积累了大量基础数据,但长期以来由于部门壁垒,数据难以融合共享,数据价值没有充分挖掘,对国家自然资源的宏观判断和重大战略决策支持作用没有显现。随着习近平生态文明思想、"两山"理论和"山水林田湖草是生命共同体"理论的提出,自然资源管理由粗放向精细化、信息智能化转变,由分散各部门的九龙治水管理,转为以地球系统科学指导下的统一管理。另外,气候变化、人类活动等导致水资源地区分配急剧失衡,引发了土地、森林、草原、湿地、海域海岛等资源种类、数量、质量的变化,各资源间承载力耦合作用的平衡也被打破,原来单一、粗放化的管理模式已经不适应当前自然资源的形势,急需构建自然资源要素综合观测体系,全面认识自然资源形成和演化规律,及时跟踪和预判自然资源动态变化趋势,为全国和重点区域自然资源管理的决策分析提供平台支撑。

因此,亟须以地球系统科学理论和"山水林田湖草是生命共同体"理念为出发点,以自然资源要素综合观测体系为抓手,构建形成控制全国自然资源三级以上区划单元的自然资源要素综合观测站网,获取资源间耦合作用过程、变化趋势和速度等关键数据,从国家、区域、景观等不同尺度对自然资源可能发生的变化进行预测、预警,可为管理者和决策者制定预案响应机制,减轻或消除风险提供科学依据,对于掌握资源现状,预判未来状态,支撑《自然资源调查监测体系构建总体方案》和《全国重要生态系统保护和修复重大工程总体规划(2021—2035年)》实施,服务山水林田湖草整体性保护与系统性修复,为国土空间规划与用途管制等领域提供科技支撑。

目前,自然资源要素综合观测网络工程的建设已经被列为中国《自然资源科技创新发展规划纲要》(自然资发〔2020〕15号)中十二大科技工程之首,是一项具有战略性、基础性、紧迫性的系统工程。该工程以获取长期连续自然资源要素观测数据为核心，以服务自然资源管理需求为导向，以自然资源生态系统规律研究为依据，为自然资源重大决策提供科学支撑。

4.1.2　构建的基本思路与原则

1. 基本思路

坚持"山水林田湖草是生命共同体"理念，坚守"资源安全保障，自然和谐安定"目标，以自然资源问题和管理需求为导向，形成法规依据、观测指标、分类标准、技术规范和数据平台统一的自然资源要素综合观测工作机制。以自然资源科学和地球系统科学为理论基础，建立自然资源分类标准体系、多尺度-多要素-全天候的观测指标体系、天-空-地立体观测技术体系；坚持合作共享，试点引领，利用融合共建、改建升级、空白添建三种模式，构建布局合理、体系完整的自然资源要素综合观测体系。依托自然资源"一张网"，加强智能化观测装备自主创新和信息化建设，通过自然资源各要素动因机制研究和耦合关系模型模拟，揭示其演变趋势，与摸清自然资源家底的调查和跟踪掌握自然资源变化的监测形成互补，服务自然资源统一管理，为自然资源预测、预判、预警和管理决策提供科技支撑（刘晓煌等，2020）。

2. 基本原则

1）尊重自然，顺应自然

遵循自然资源生态系统客观规律，科学实施自然资源要素综合观测，客观分析自然资源动因变化机制和演化规律，促进自然资源管理精准施策。

2）统筹规划，分步推进

按照中国自然资源管理的科技需求，以服务解决国家重大资源环境问题为根本出发点，综合考虑区域代表性和基础条件，加强自然资源要素综合观测体系建设的顶层设计，基于当前观测网建设现状，选取重点区域，针对区域内的重大自然资源问题开展自然资源要素综合观测，积累经验，建立示范，逐步将成熟模式推广至全国。

3）统一标准，规范管理

按照统一的建设运维、观测指标、观测技术方法、观测数据标准规范等内容，实行严格的质量控制标准。产出科学有效的观测数据，以期满足自然资源管理"一张网、一张图、一个平台"的应用需求。

4）开放共享，协同合作

全面贯彻落实开放共享发展理念，加强深度合作交流，打破行业和部门壁垒，加强科研设施、科学数据等科技资源共享，强化与国家科技资源共享服务平台等科技创新基地的有效衔接，形成互为补充、协同合作的工作机制，实现观测数据、仪器设备和基础设施等资源的联网与共享。

4.2 体系框架与建设目标

4.2.1 体系总体框架

聚焦服务自然资源"两统一"管理需求，瞄准解决认识自然资源变化规律、预判发展趋势的基础数据支撑能力不足问题，在构建覆盖全国自然资源三级区划观测站基础上，提出要素体系、技术体系、质控体系、服务体系和运维体系五位一体总体框架。其中，要素体系是基础，技术体系是核心，质控体系是关键，服务体系是根本，运维体系是保障（图 4-1）。

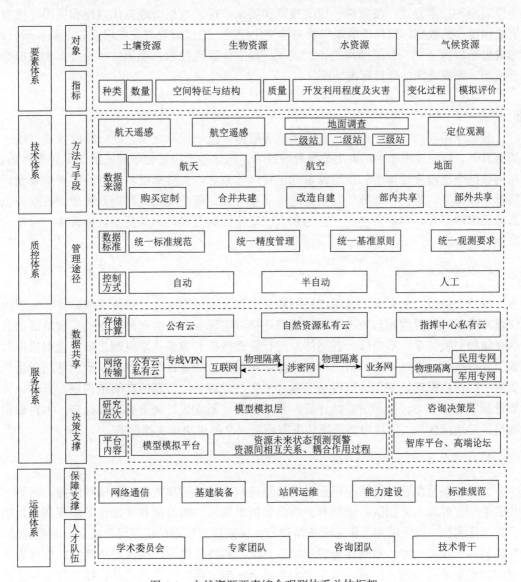

图 4-1　自然资源要素综合观测体系总体框架

1. 要素体系

按照地下、地表和大气三种自然资源空间分布，以土壤、生物、水和气候四类资源为观测对象；从资源种类、数量、空间特征与结构、质量、开发利用程度及灾害、变化过程、模拟评价等方面入手，制定科学、全面、统一的观测指标。探索自然资源统一管理下的资源分类，建立观测指标分类规范标准。

2. 技术体系

遵循中国自然资源地带性规律，以自然资源区划类型为单元，分梯次、级别建设各级各类观测站。围绕观测指标，以台站为依托，采用航天遥感、航空遥感、地面调查和定位观测等技术方式，按照统一标准规范和要求，探索自然资源变化规律和原因，比对历史和现在的数据，预判资源未来状态等变化状况，通过微观与宏观尺度的观测和研究，形成自然资源区划、分层抽样统计、天-空-地立体观测技术、观测站布设方案和数据融合机制，完成观测站建设标准规范。

3. 质控体系

融合地面观测、航空遥感、航天遥感等数据，统一标准规范、统一精度管理、统一基准原则、统一观测要求，运用数据管理技术，构建基于台站管理的三级质量管理体系、观测数据全过程管控体系和仪器设备标定管理体系等，最终形成自然资源要素综合观测质量管理体系。强化多源异构数据全过程质量管控，依托观测数据规范和观测规程规范搭建观测网平台，实现自动、半自动和人工质量控制模式，确保观测数据真实、可靠、准确。

4. 服务体系

按照公有云、私有云，运用物联网和保密安全等技术，通过野外观测站、样地观测仪器的组网以及观测站与数据中心的网络连接，实现各方各类观测数据的汇聚集成、云端存储和交换共享，形成综合观测体系运行管理规范和数据共享机制。依据模型模拟和智能分析技术，通过专家分析与模型模拟，对观测数据进行深入挖掘，研究各门类自然资源间的作用机理、变化动因机制和耦合平衡，并对各类资源的空间结构进行分析，开展资源环境承载力评价和适宜性评价，最终形成观测成果、决策咨询等报告，为自然资源与生态功能区划、区域自然资源和生态环境安全提供决策支撑服务。

5. 运维体系

运维体系是保证观测站能够正常观测和获取准确、可靠数据的基础和前提。培养专业的运维管理和人才团队，依照有关规范和技术要求，做好所有仪器设备和观测场地的日常运行维护，确保观测工作连续正常进行；探索建立稳定的运维经费机制、制度保障、基建装备等保障制度，不断完善观测站信息化、科技化建设，确保野外观测站能够连续观测和获取数据积累。同时，强化学术委员会、专家团队、咨询团队、技术骨干遴选和相关规章制度，创新工作模式，全面提升观测研究水平，服务自然资源统一管理和咨询决策能力水平。

4.2.2　建设任务

1. 建设覆盖全国资源区划单元的台站观测网络

台站观测网络是观测体系的底层设施和获取观测数据的主要平台。综合考虑已有站点基础、观测覆盖范围和经济成本等因素，通过融合、合建、改建和自建等多种方式，逐步建设形成控制全国一级、二级、三级自然资源区划单元的三级观测站网，最大限度掌握和了解我国自然资源的总体特征和变化趋势，揭示自然资源要素间相互作用机制。台站观测网络的建设会适度向国家重要生态功能区、重点流域和资源-环境问题区域等倾斜，选择典型性强、特征明显的观测站（点）优先建设（表 4-1）。

表 4-1　全国自然资源地面台站观测网络

要素	全局趋势性网络	局部系统性网络
概念	覆盖全国不同自然区划单元的趋势性地面台站观测网络	涵盖我国重点自然保护区的系统性地面台站观测网络
目标	反映我国自然资源的总体特征和变化趋势	反映重点自然保护区的机理与机制
覆盖范围	全国	局部（典型自然保护区）
布设依据	我国自然资源空间分异规律（自然资源区划、基础设施、已有站位）	自然资源要素相互作用机制及其演变特征（扣除趋势性台站）
布设方法	分层异质性	自然资源系统过程机理模型

2. 建立健全自然资源观测指标体系

以自然资源学、地球系统科学和"山水林田湖草是一个生命共同体"理论为基础，构建获取自然资源数量、质量变化动因机制和耦合作用过程观测数据、反映资源间耦合平衡及变化趋势的观测指标体系。

按照两类三级构建指标模块，组装形成陆地水面、森林、草原、农田、高寒、湿地、荒漠和海湾八大资源要素综合观测体系。在观测指标体系基础上长期获取海量观测数据，建立"自然资源要素综合观测大数据中心"，开展数据汇聚、管理、专题应用和共享服务，实现自然资源要素信息高效共享和精准服务。

3. 强化空-天-地-海立体协同观测与"大气-地表-地下"多界面融合观测

应用现代空间探测和地面观测技术手段，构建空-天-地-海立体观测技术体系，获取覆盖全国的全天候、多要素观测数据。

充分运用卫星、无人机等区域自然资源数据快速、高频次、大范围获取能力，与地面观测野外台站相结合，通过自动监测、实地调查和分析测试等技术，对相关观测指标进行长期、连续、稳定的定点观测，获取自然资源结构、过程和功能性指标数据。

通过空-天-地-海立体观测，实现卫星遥感、航空航天和地面站网观测点的有效融合，揭示自然资源区域规律和采样点或观测点之间的有机联系，利用点信息验证描述区域的自然资源空间分布规律，以点代面，实现点、面信息的有效融合。

4. 形成全流程全要素分类分级的质量控制体系

构建自然资源要素综合观测质量管理体系，加强观测数据质量控制，确保观测数据质量。

（1）构建基于台站管理的三级质量管理体系。其中，三级站负责本站的数据质量自检；二级站负责本站数据质量自检，并监督三级站提交数据质量；一级站负责本站数据质量自检，并监控二级站提交数据质量，综合观测中心负责一级站数据质量及评估，并随机抽检观测站提交数据，确保观测数据质量。

（2）构建观测数据全过程管控质量管理体系。从数据采集准备期到数据采集期再到数据汇交期，对数据质量进行控制。在数据采集准备期的质量控制包括构建观测规范的质量控制和测量仪器设备的质量控制，观测规范的质量控制需要制定一系列的观测标准和规范，对观测人员进行培训，编制年度实验计划，确保数据采集有章可循、人员观测能力达到观测标准和规范要求。

（3）构建仪器设备标定管理体系。仪器设备的质量控制包括仪器设备选用和仪器设备野外比对与标定，确保仪器设备在工作之前处于同一观测基准，避免因仪器设备的故障出现数据质量问题。在数据采集期，要确定测定目标、方法及环境，严格按照规程规范选择仪器设备的安装地点、确定数据采集方法和频度，并对仪器设备进行日常维护，确保仪器设备随时处于良好的工作状态，同时形成值班日志，便于对观测数据进行溯源。

5. 探索多站网、多部门、多学科深度融合的协作共建机制

团结协调自然资源系统内外各单位的观测和研究力量，建立部门协作机制，协同相关部门结合自然资源观测重大需求，形成部门间定期会商制度，研究解决自然资源要素综合观测工作推进中的难题；加强可持续创新能力建设，推动自然资源部与国家自然科学基金委员会联合设立自然资源要素综合观测科学基金专项，吸引高水平科研人才投入，进行科研合作，产出高水平的科研成果；建立数据共享机制，汇聚多方数据，制定有关部门认可并共同遵守的共享制度，打破部门、行业间数据壁垒，实现数据融合共享，充分挖掘数据价值；建立成果发布机制，自然资源要素综合观测全部成果由自然资源部统一对外发布，未经审定的观测成果一律不得向社会公布。

4.2.3　建设阶段

围绕自然资源重大研究和重大决策需求，以确保资源安全保障和自然和谐安定为目标，建成覆盖全国自然资源区划单元、运行稳定的观测站网体系，形成天-空-地-海"四位一体"立体化资源观测能力，全面实现数字化、网络化、智能化数据获取、分析挖掘、

预测预警，建设国家自然资源要素综合观测、研究和示范的重要基地，自然资源要素综合观测网络研究达到国际先进水平。阶段目标如下：

（1）到 2025 年，建设覆盖全国三级区划单元的观测站网和分布系统、科学的观测样地、样点，形成覆盖全国的全天候、全时段、全要素的空–天–地–海立体观测能力。完善自然资源研究团队人才结构和科研机制；定期形成自然资源发展趋势预判研究报告，及时提供重点区域和热点资源环境问题智库报告，为国家和自然资源部相关决策提供参考。

（2）到 2035 年，观测网络建设水平和科研水平实现国际领跑；在国家自然资源管理重大决策中起决定性支撑作用；为解决全球可持续发展的资源、环境问题做出突出贡献。

4.3 关键技术分析

4.3.1 自然资源综合区划与观测台站布设技术

中国幅员辽阔，自然环境呈现显著的地带性特征，各个地带上自然资源的类型禀赋和影响自然资源的因素有着显著的差别。因此，科学合理选取少量、典型的观测站（点），最大限度地掌握和了解中国自然资源的总体特征和变化趋势，需要准确科学划分自然资源区划和优化观测站（点）布设。目前，中国与自然资源相关的综合自然区划、植被区划、森林区划、生态地理区划、国家重点生态功能区、生物多样性热点和关键地区等研究比较深入，此类区划多侧重于生态功能或单一资源的区域划分，对自然资源综合特征及区域间差异涉及较少，但这些区划为下一步自然资源区划研究奠定了基础。观测站（点）的布设要选用合理的方法和技术，应具有科学性和代表性。很多学者在空间抽样方面进行了探索和研究，提出了最佳采样数计算公式、空间插值、交叉验证、独立验证、统计优化方法、空间抽样理论、空间三明治抽样等方法。本次在观测台站布设方法上选用了空间抽样中的空间三明治抽样法。该方法由相互独立的样本层、知识层和报告单元构成，空间样本总体的估算精度由空间分布格局、样本布设方法和统计推断方法共同决定。

自然资源综合区划的具体思路是（张海燕等，2020）：①根据自然资源综合区划的对象、目标、影响要素、范围、基本研究单元和时间点六个方面完成自然资源区划的需求分析；②通过参考相关文献和咨询该领域内专家，根据七大主要自然资源特点，建立包含地形地貌、气候条件、植被生长状况、水文、土壤和基础地理等指示环境自然属性的基础数据库与土地资源、森林资源、草地资源、湿地资源、水资源、矿产资源和海域海岛资源等七大资源空间分布的专题数据库；③依据自然资源综合区划方法的基本原则，采取"自上而下"演绎法与"自下而上"归纳法相结合、定量计算方法与定性分析方法相结合、传统技术与新技术相融合，划定中国不同等级的自然资源综合区划；④采用野外调研、专家论证、已有区划对比和不同尺度衔接等方式，结合实际区域的资源禀赋以及社会经济状况进行区域的人工检查，避免边界明显错误和过度破碎化，对自然资源综合区划进行进一步修订和完善，最终形成中国不同等级自然资源综合区划，并进行分区特征统计与分析。

在观测站（点）布设中运用的具体思路是（高秉博等，2020）：①根据中国自然地理综合区划，构成知识层，结合最新的地带性自然资源分布现状和特征划分自然资源区划，消除对象空间的异质特征；②利用多年遥感地表覆盖程度情况，结合全国第三次土地调查和森林、湿地、草原调查数据，定量构建每个分区内的自然资源空间变异模型和分区之间的相关模型；③根据分层异质性表面无偏最优估计方法，将影响自然资源的关键因素地表水的水系密度作为权重，构建自然资源观测网络优化目标公式，再采用空间模拟退火算法，按照不同的观测站（点）数组，形成多个观测方案，并以普通克里金法平均估计误差方差最小为目标进行实验，最终确定观测站（点）布设方案。

4.3.2 自然资源要素耦合机理与指标选取技术

观测指标体系是根据一定的规范、标准，能够更加科学全面地反映观测对象特征的指标集合，是实现观测对象的数据共享、科学对比研究的前提和基础，也是野外科学观测站建设的关键环节和重要内容。因此，指标体系必须围绕可观测的自然资源，以自然资源变化动因机制和相互间的耦合作用为基础，充分考虑气候资源-地表覆盖资源-土地资源-地下资源的整体性和系统性，其形成和种类、数量、质量的相互制约、相互影响。其中，水是"山水林田湖草是生命共同体"理念中最活跃、关键的因素，也是整个自然资源系统中联系各种资源的桥梁和纽带，降水受植被蒸腾、土地和水面蒸发、冰川升华、大气辐射、风等因素影响；植被蒸腾、土地蒸发、水面蒸发又受地下水、大气辐射和风的影响；地下水又受降水，地表和植被径流，土壤的毛管、膜状、吸湿作用渗透，地下径流等的影响。因此，将以水为主导因素划分出的资源大类和各大类资源间的相互作用过程作为可观测内容，构建自然资源要素综合观测指标体系。

4.3.3 多源数据整合和数据处理技术

基于大数据、云计算和人工智能等信息技术，汇集自然资源要素观测科学数据，建立自然资源要素综合观测大数据中心，开展航天观测、航空观测、地面观测、合作共建站、部内共享等多源异构数据汇聚整合，建立大数据中心。以大数据中心的海量数据为基础，利用高性能计算机集群和可视化技术，构建仿真模拟、情景决策等试验平台，对各种原始数据进行分析、整理、计算、编辑等加工和处理，预判自然演化不同情景并提供可视化仿真环境，产出自然资源数量、质量变化情况和演化趋势的研判成果，实现自然资源定量化、精准化、智慧化管理和科学决策。

4.3.4 模型模拟技术与自然资源综合评价

目前，随着模型模拟技术的日趋成熟和相关技术手段的不断完善，在自然资源综合评价方面，有以下三个方向需要深入讨论研究。①自然资源间耦合关系：应用现代数据模型模拟和智能分析等技术手段，构建自然资源大数据分析处理技术体系，对自然资源各指标数据进行挖掘分析和计算机模拟，探索自然资源各要素动因变化机制，构建自然资源间耦合关系生命共同体认知、互馈、调控、保护和解析知识体系，丰富地球系统科学理论，建立生命共同体功能权衡协同模型、开发模拟预测和资源优化配置调控模型等，产出自然资源系统演化规律和生态环境退化机理等科学认知成果。②自然资源的演变趋势预判与模拟：开展自然资源长期演变趋势、变率及幅度等特征预判，预估自然资源面临气候变化风险的影响，建立高精度的风险图谱，搭建集潜力分析-过程模拟-效益评价于一体的模拟系统。③支撑自然资源资产考核评价：弥补中国自然资源变化趋势和动因机制的数据不足，建立有效的自然资源资产综合基础数据库，形成从数据到指标、从理论到实践支撑探索自然资源资产负债表编制的技术途径，进一步使自然资源资产考核机制和评价内容更加丰富完善。

4.4　研究动态

4.4.1　体系建设情况

1. 科学定位了体系研究方向及内容

以自然资源问题和管理需求为导向，以地球系统科学为理论基础，以资源区划为单元，探究自然资源系统内各要素间、资源与生态-环境-灾害间的耦合作用和变化动因机制；开展不同场景下资源-环境-生态演变趋势和未来状态模拟预测研究；进行自然资源区划内各自然资源数量平衡配比和结构稳定性分析研究；对区划内的资源、环境承载力和适宜性进行综合评价；在观测研究基础上，开展动态自然资源区划研究和决策咨询建议研究。

2. 构建了多尺度-多要素-全天候的观测-预测指标体系

将自然资源间耦合作用过程分解为不同子作用过程，利用模块化思路，按照地下、地表和气候三个自然资源空间分布相统筹和一体化观测的原则，建立资源管理分类标准体系（孙兴丽等，2020）。在此基础上，以风、降水、大气辐射等气候资源，森林、草原、耕地、水、荒漠、湿地和海岸带（海岛）等地表覆盖资源，地下水、地热等地下资源为观测对象，科学建立资源种类、数量、质量、相互间作用、开发利用状况观测指标，以及空间平衡配比和模型模拟评价指标（张贺等，2020）。

3. 探索了空-天-地-网立体观测技术体系

按照自动监测与实地观测、原位观测与试验、野外模拟与计算机模拟、遥感解译与实地查证相结合的方式，初步形成了时空一体、点线面一体、研究决策一体的观测研究理论方法体系；采用专家分析、模型模拟和大数据智能挖掘技术，搭建了个体、景观、区域、全球等不同尺度下的观测技术体系。

4. 形成了覆盖全国的三级观测站网体系

综合考虑交通条件等基础设施、观测覆盖范围和经济成本等因素，分级建设金字塔形综合观测网络。设 1 个综合观测研究中心与 13 个一级站、200 个二级站和 800 个三级站。

一级站主要控制一级自然资源区划，采用改建方式建设，每个一级站均设有综合分析测试实验室、计算机模拟平台、数据分中心，下辖 15~20 个二级站，一级站以数据集成和分析为主，开展大数据处理、计算机模拟和重点样品处理、分析测试，并负责二级站的日常运行和管理工作，汇聚二级站数据，集成自然资源大区数据，并负责向综合观测研究中心汇交数据，进行一级区划的综合分析。

二级站主要控制二级自然资源区划，每个二级站下辖 3~5 个三级站，二级站以特色区域综合研究为主，负责三级站日常运行管理工作，汇聚三级站数据，集成自然资源区域数据，并负责向一级站汇交数据，进行二级区划的综合分析。

三级站主要控制三级自然资源区划，每个三级站设有 3~5 个观测样地、5~8 个观测样点，主要开展一般数据处理、原位观测模拟、一般样品处理分析测试、遥感数据处理分析、遥感对地观测理论和观测系统验证、定量遥感正反演模型研发验证、定量遥感数据产品验证。三级站以自动观测、实地调查、无人机观测、实地采样分析为主，具有自然资源要素科学观测和分析能力，并向所属二级站汇交数据。

5. 搭建了集数据、人才、成果汇聚的一体化平台

按照"大感知、大数据、大融合、大模型、大应用"的理念和"统一标准，规范管理"的原则，采用物联网、数字中台、大数据、云计算和人工智能技术，搭建起"系统观测—模拟预测—评价监测—咨询建议"一体化平台，形成自然资源相关的"数据、人才、成果"科技创新平台，实现自然资源"一张图，一张网"（孙益等，2020；赫银峰等，2021）。

6. 构建了覆盖从数据采集到发布全周期、全过程的质量管理体系

在国内外观测数据质量管理体系现状的基础上，分析自然资源综合观测对数据质量管理体系的新需求、新目标，依据 ISO9000 质量管理体系标准，从数据采集、融合、共享、传输到形成最终数据产品整个观测流程的角度出发，构建自然资源综合观测数据质量管理体系框架，选取关键质量控制指标，设计质量控制模块，并开发质量自动控制管理系统，以期为自然资源要素综合观测网络工程提供数据质量保证（刘玖芬等，2020）。

7. 提出了多元化成果产出体系

形成自然资源要素综合观测报告、数据集，以及开放共享的实时观测数据；每两年形成全国自然资源要素发展变化评估报告和相关图集；开展资源环境承载力和适宜性评价，不定期地提交重大问题咨询报告，为自然资源区划、生态功能区划和区域资源安全、生态环境安全提供支撑（图 4-2）。

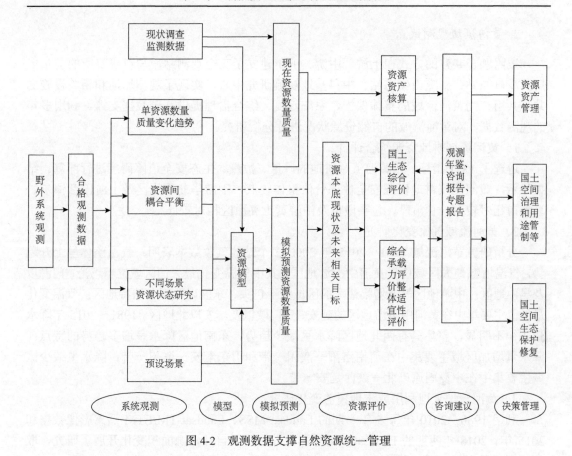

图 4-2　观测数据支撑自然资源统一管理

4.4.2　综合观测试点建设情况

1. 青藏高原观测试点

按照空白填建的方式在雅鲁藏布江拉萨河支流、林芝尼洋河支流和长江源沱沱河冰冻区构建起了三个观测站和两个灾害观测点，与科研院所的林芝森林站、拉萨农田站和北麓河冻土站形成互补。

通过调查观测和收集整理历年数据，掌握了拉萨河、尼洋河流域地下水年平均静水位在 2～18m，融水期和降水期的静水位平均升高约 1m。特别是在长江源区沱沱河流域无人区建成的冰川、冻土、植被和水资源一体化观测站，是国内海拔最高的自然资源观测站。通过新建的 20 个点活动层观测点、32 个冻土地温观测点，获取了长江源头地区活动层厚度平均值为 2.7m，其中 80%集中在 1.2～4.0m；高寒草甸区平均活动层厚度为 2.36m，平均冻土厚度为 20.98m；高寒草原区平均活动层厚度为 3.1m，平均冻土厚度为 9.7m，业内专家认为该数据极为珍贵。该站的建立对于获取长江源源区冻土分布及地下冰储量、大气降水和冰川冻土融水量，以及精确计算沱沱河地区地下水当量、研究"中华水塔"水平衡和预判青藏高原资源、环境、生态发展趋势，具有十分重要的意义。

2. 黄河流域观测试点

按照融合共建的方式在上游、中游、下游建立了三个观测站，与科研院所的鄂尔多斯荒漠草原站、新隆山生态站、中科基地观测研究中心，实现了观测场地和相关设施的共享共用，为黄河流域的整体保护、系统修复、综合治理提供基础数据支撑。利用多年的观测数据，对黄河流域的自然资源状况进行分析研究。

1) 黄河流域耕地资源综合评价

遴选了 13 个指标，对黄河流域耕地的质量、数量、生态安全值障碍度进行测算。结果显示，黄河流域耕地资源安全性评价值整体较低，下游华北平原区及上游巴彦淖尔、乌海市相对较高，甘肃段、包头段以及中游黄土高原区相对较低。

2) 黄河流域气象变化研究

分析研究黄河流域 1981～2015 年 2000 多个站的气象数据表明：气温整体呈上升趋势，气温增幅最大区域位于黄河中上游地区，其中气温变化最大的区域位于玛沁、门源以及吴中地区；中游地区气温增幅最大的区域位于包头、东胜以及呼和浩特地区；气温变化最低值主要集中在黄河中下游地区的延安、三门峡以及泰安以北地区。1981～2015 年降水量规律不明显，整体具有西北地区降水呈减少趋势、东南地区降水呈增多趋势的特点；降水量增加区域主要集中在河南洛阳—濮阳一带和山东泰安—滨州一带；降水量减少区域主要集中在宁夏固原以北—陕西延安一带。

3) 黄河流域土地利用或土地覆盖变化研究

利用 1980～2010 年每 5 年一期的 Landsat-MSS、Landsat-TM/ETM 遥感影像数据和 2015 年、2018 年两期的 Landsat-8 遥感影像数据，对自然资源面积变化开展了研究，取得以下成果。

耕地、城镇用地面积变化：农业用地衰减、城镇用地面积增加发生在经济活动活跃的地区，与黄河流域城市夜晚灯光分布具有高相关性。内蒙古临河地区和山东东营地区耕地面积增幅明显。

森林面积变化：整体呈上升趋势，宁夏—延安一带增幅最为明显，内蒙古包头—呼和浩特一带呈下降趋势。

草地面积变化：黄河流域吴中—乌海一带、临河—包头以北以及东营地区草地退化明显，中部地区草地退化与扩大呈互相交错态势。

水资源储量变化：结合重力卫星数据分析，水储量整体呈下降态势，其中黄河中上游地区水储量减少最为明显。

4) 黄河流域降水量变化研究

利用 World Climate 数据对 1961～2018 年黄河流域降水进行了研究，结果表明流域降水分布极不均衡。年度降水量变化速率中，黄河下游地区的年降水量呈减弱趋势，是流域主要的降水区；上游地区的年降水量呈增加趋势，玛沁地区降水较为丰富，白银—呼和浩特一带降水较弱。

3. 黑河流域观测试点

按照融合共建、空白填建的方式，在黑河中游、下游空白区新建观测场和样地，与中国科学院西北生态环境资源研究院、北京师范大学、兰州大学等 13 个观测站进行融合，构建起了 15 观测站（点），观测场地和相关设施实现了共享共用。利用多年的观测数据，对黑河流域的东居延海资源-环境-生态状况进行分析研究。

1）生态资产价值

东居延海湿地生态服务功能总价值约为 $1.55×10^{20}$sej（太阳能焦耳），能值货币价值约为 2.12 亿元。其中社会价值＞生态价值＞经济价值。

2）生态环境阈值

东居延海单位水面面积生态价值小于$18km^2$的区域显著增加，大于$18km^2$的区域不显著。在 95%保证率的前提下，维持东居延海湿地-湖面面积阈值为 30.55±3.51～25.14±3.86km^2，最小生态需水量阈值为 0.17 亿±0.01 亿～0.15 亿±0.01 亿m^3。植被 T0～0.3 为芦苇和冰草、T0.3～1.7 为柽柳和胡杨、T1.7～4.0 为红砂和梭梭，上述植被最适宜土壤含水率分别为 26%～31%、15%～22%和 4%～7%。

3）NorESM1-ME 模型模拟预测

2010 年观测平均径流量为 20.4 亿 m^3，在 RCP2.6 模式下，模型预测径流量为 19.73 亿 m^3，误差约为 3%，模型相对准确，可以预测。预测到 2050 年气温升高，冰川消失，融水径流量由 0.4 亿 m^3 降为可忽略不计；但降水量增加，地表径流量为 17.48 亿 m^3，相比于历史多年平均径流量增加 6%；气候调节作用削弱，恶劣天气增加，洪涝、泥石流等灾害频发。

参 考 文 献

傅伯杰，牛栋，于贵瑞. 2007. 生态系统观测研究网络在地球系统科学中的作用. 地理科学进展，26（1）：1-16.

高秉博，王劲峰，胡茂桂，等. 2020. 中国陆表自然资源综合观测台站布点优化. 资源科学，42（10）：1911-1920.

赫银峰，罗奇，高阳，等. 2021. 自然资源要素综合观测一体化平台建设探索与实践. 中国地质调查，8（2）：55-61.

刘玖芬，高阳，冯欣，等. 2020. 自然资源要素综合观测质量管理体系构建. 资源科学，42（10）：1944-1952.

刘晓煌，刘晓洁，程书波，等. 2020. 中国自然资源要素综合观测网络构建与关键技术. 资源科学，42（10）：1849-1859.

沈镭，钟帅，胡纾寒. 2018. 全球变化下资源利用的挑战与展望. 资源科学，40（1）：1-10.

孙兴丽，刘晓煌，刘晓洁，等. 2020. 面向统一管理的自然资源分类体系研究. 资源科学，42（10）：1860-1869.

孙益，方梦阳，何建宁，等. 2020. 基于物联网和数据中台技术的自然资源要素综合观测平台构建. 资源科学，42（10）：1965-1974.

张贺，王绍强，王梁，等. 2020. 自然资源要素综合观测指标体系探讨. 资源科学，42（10）：1883-1899.

张海燕，樊江文，黄麟，等. 2020. 中国自然资源综合区划理论研究与技术方案. 资源科学，42（10）：1870-1882.

中共中央文献研究室. 2017. 习近平关于社会主义生态文明建设论述摘编. 北京：中央文献出版社.

第5章　自然资源要素综合观测指标体系

5.1　自然资源分类（综合观测对象）

自然资源科学分类是认识、开发、利用和管理自然资源的基础。根据科学的分类体系开展调查监测、观测研究，有助于摸清各类自然资源数量、质量及相互间的作用过程，掌握自然资源的现状，模拟预判其未来的发展趋势，实现资源的合理开发与利用等（朱岳年，1990；严竞新等，2019）。

5.1.1　分类理论基础

1. 自然资源分类现状

分类是指根据事物特征的差异性和相同性进行归类。根据自然资源属性、服务对象、使用目的和任务的不同，将现有的自然资源分类主要分为学理分类、法理分类和管理分类三种类型。

1）以学理为基础分类

以学理为基础的自然资源分类服务于自然资源学科发展，主要分类依据包括自然资源的自然属性、分布规律和成因机制等。由于分类依据不同，类型呈现多样化。例如，根据资源附存的空间位置分为陆地资源、海洋资源；根据地球圈层特征分为气候资源、生物资源、土地资源、水资源和矿产资源；根据是否可再生分为可再生（可更新）资源和不可再生（不可更新）资源。基于学理的自然资源分类具有较强的理论性和系统性，但与实际管理的需求衔接不足，不能满足自然资源管理实践的需求（伍大荣，1995）。

2）以法理为基础分类

法理分类是指我国现行律法关于自然资源的分类。例如，《中华人民共和国宪法》将自然资源分为矿藏、水流、森林、山岭、草原、荒地、滩涂七类。法律中涉及的自然资源种类界线并不十分明确，不同法律根据需要做了相应的变更。例如，《自然资源统一确权登记办法（试行）》将矿藏资源修改为探明储量的矿产资源。法律中涉及的自然资源种类宽泛，但内涵并不十分明确，部分资源类别间存在重叠现象。例如，《中华人民共和国物权法》中划分的山岭与森林、矿藏等自然资源类型存在交叉重叠。

3）以管理为基础分类

管理分类是指各资源管理部门根据自己管理实际的需要，对自然资源进行的分类。水、土地、林、草、海洋、国情地理等管理部门都有各自的分类，并在管理过程中获得了大量分类资源数据。例如，土地管理部门将陆地自然资源分为建筑用地和非建筑用地，其中非建筑用地又因地表不同的覆盖物被细分为森林、草原、湿地、荒地、水面等，并分属不同的部门进行管理（中国科学院碳循环项目办公室，2005；Gao and Brgan，2017）。各分管部门的管理需求不同，其分类原则、标准、内涵也不统一，导致据此开展的资源调查统计数据相互间缺乏可比性（钱建利等，2020）。例如，分部门调查统计的森林资源、草资源中林地资源、草地资源与土地资源交叉重叠，且林草管理部门与土地管理部门标准不统一，造成资源家底难以准确掌握（Napolskikh et al.，2016；孟微波等，2019）。

2. 自然资源统一管理的特征

自然资源统一管理主要包括以下三个方面特征。

1）要素管理和综合管理相结合

自然资源管理遵循尊重自然、顺应自然、保护自然的原则，按照自然资源系统的整体性、系统性规律及各自然资源要素本身的内在规律，统筹考虑各资源要素，以及山上山下、地上地下、陆地海洋、流域上下游等各种情况，进行整体规划、系统开发、高效利用，形成要素管理和综合管理相结合的管理模式。这就要求分类既要能满足各森林资源、草资源等自然资源系统的单资源要素管理，也要满足一个管理区域内森林资源、草资源、耕地资源、水资源等各种资源之间的相互作用以及空间上所有资源的优化配置等综合管理的需要。

2）分级管理与分类管理相结合

分级管理是基于自然资源的潜在价值、可开发性、生态附加性，确立保护优先级、开发优先级等定级管理；根据资源属性、功能用途等进行分类管理。自然资源管理要坚持发展经济与资源合理开发的高效利用统一，资源开发利用既要能够支撑当代经济发展，又要为子孙后代留下生存根基。因此，在管理中要根据不同自然资源各种属性之间的差异，进行合理的分级分类管理，控制好开发强度、优化好空间布局结构。

3）资源监管与资源资产管理相结合

自然资源"两统一"管理的核心之一就是自然资源资产化管理。我国对于领导干部实行的自然资源资产离任审计制度，标志着由自然资源管理向自然资源资产管理的转变，这是一个从实物管理向资产管理、从基于自然属性管理向自然属性和社会经济属性相结合管理的重大转变。因此，在管理过程中应加强资产权益的统一管理和公平分配，重点关注国有资产流失问题；同时，加强资源的整体监管和保护，重点保障自然资源满足社会公共利益的基本需求，充分发挥自然资源的价值，实现自然资源的高效使用（赵士洞，2005）。

3. 基于统一管理的自然资源分类原则

1）分类标准统一清晰

遵循"山水林田湖草是生命共同体"理念，充分考虑资源整体性、系统性等特点，按照"一个部门、一个标准、一个规范、一套制度"等要求重构现有分类体系，着力解决概念不统一、内容有交叉、指标相矛盾等问题，力求形成一个上下联系、逻辑分明、标准统一、分级清晰的分类系统，实现自然资源"一张图"集中统一管理（潘贤章等，2018）。

2）新旧分类有效衔接

为确保自然资源分类的延续性，综合考虑各行业管理需求，总结归纳现行自然资源分类特点，充分对接原来分部门管理的各专项资源分类的国家标准、行业标准，充分考虑与现行分类的关系，防止出现混乱（袁承程等，2021）。此外，应当尊重地区差异性，充分考虑全国各地资源现状，有效衔接、合理继承，满足新时代统一管理要求（黄贤金，2019；孙兴丽等，2020）。

3）不同分类有机结合

自然资源系统的复杂性和使用对象、范围、目标的差异性，导致目前自然资源学理、法理、管理的三种分类体系。

5.1.2　基于统一管理的自然资源分类方案

依据《自然资源统一确权登记办法（试行）》，自然资源类型包括水流、森林、山岭、草原、荒地、滩涂和探明储量的矿产七大类（其中矿产资源具有长期稳定性，不适于连续观测）。同时，考虑到气候变化对其他各类资源的种类、数量、质量、结构功能等变化影响较大，应纳入分类。故而，本书在系统分析自然资源学理、法理和管理三种分类利弊优缺和自然资源统一管理内涵的前提下，归纳出基于统一管理的自然资源分类原则；在充分考虑各个空间的资源分布、用途、功能的基础上，制定了自然资源分类体系。现将自然资源分为两级，一级类依据空间属性进行划分，二级类依据资源要素进行划分。

1. 一级类划分依据

一级类侧重于资源空间属性。资源的空间属性直接决定自然资源开发和获取的基础条件，从空间属性区分不同资源类别，可以全面囊括所有类别的自然资源，有助于资源的统筹管理。根据"标准统一清晰"的目标和原则，依据所处空间不同可将一级类划分为三个，分别是气候资源、地表覆盖资源和地下资源。

气候资源泛指大气圈以及相关方面能够为人类提供能源或者生产生活资料的资源，包括风能、太阳能、气候的季节变化产生的经济效应等资源；地表覆盖资源广义上泛指覆盖在土壤表面的、能够直接或间接地为人类提供使用价值的资源，是自然资源的重要组成部分，主要包括森林、草原、江河、湖泊、海洋等资源，其中海洋资源是海岸带和海洋中一切能供人类利用的天然物质、能量和空间的统称；地下资源包括土地资源和地下水资源，其中土地资源是指在一定技术经济条件下可以为人类利用的土地（谭术魁，2011）。

需要特别说明的是，某国的自然资源必须归属国家所有，而太空是没有国界和主权的地方，太空资源是人类的共同财富。目前，人类对于太空资源的开发和利用基本处于探索研究的初级阶段。因此，本书未将太空列入资源分类，但随着科技手段的发展进步，对太空的深度探索与太空资源的利用将是未来发展的必然趋势，需要给予一定的重视。

2. 二级类划分依据

二级类侧重于自然资源要素类别。自然资源要素体现某一空间属性内具体自然资源的种类。依据要素划分既体现了与现行标准的结合，又拓展了自然资源的全空间、全要素立体统一观测的对象。本书共划分 15 个二级类，主要包括：①气候资源分为大气水分资源、光能热量资源、风能资源和大气成分资源；②地表覆盖资源涵盖地表水资源、林木资源、草资源、作物资源、冰川资源和海水资源；③地下资源涉及林草地资源、耕地资源、冻土资源、海滩资源和地下水资源。

总体来看，这种划分模式充分考虑了各个空间的资源分布，全面反映了每个空间下资源各要素组合，同时根据用途和功能细分了各类资源，便于实践运用。新分类体系统一了各类资源分类分级的标准，真正能实现"一张图"管理；同时与传统分类体系有效衔接，继承了原有的一些经典分类方法，方便各个部门履行管理职责时使用。此外，实现了规范转换，贯彻执行了"多规合一"的理念要求，满足了新时期下国家对自然资源统一管理的新目标。

5.2　指标体系构建和选取原则

在明确了自然资源分类的前提下，开展自然资源要素综合观测指标体系的构建工作。为确保构建的指标体系能够科学、客观、合理、全面地反映自然资源信息，指标体系构建和指标选取应遵循以下基本原则。

5.2.1　指标体系构建的基本原则

1. 主导因素原则

指标体系的构建应以水资源和关键地球化学元素循环过程为主导因素。水资源和关键地球化学元素是生命活动物质基础，而水又是自然界物质能量交换的载体，两者循环是"山水林田湖草是一个生命共同体"理论的纽带和基础，是自然资源形成和变化的核心要素，也是维持生命系统正常运转的基本保障（章光新等，2018；袁国富等，2019）。不同的水资源和关键地球化学元素的耦合平衡，是自然资源和国土空间生态系统稳定的主要标志，具有非同寻常的意义（潘文岚，2015；傅伯杰等，2017a）。

2. 系统性原则

构建的指标体系应能够充分体现从开展观测、数据获取与资源现状评价到最终成果应用于资源管理的全流程，基本覆盖自然资源综合观测领域从规划设计、长期运行到成果产出的全过程，全面保障观测数据采集、管理、应用的全周期。同时，指标体系不仅要能够反映单一自然资源的数量、质量特征，还要能够反映资源间相互作用、相互转化、相互影响等引起的资源状态变化。

3. 层次性原则

观测指标体系构建应层次清晰、结构合理，并具有一定的分解性和扩展性，各层分级遵循统一的划分依据和准则。自上而下，由资源种类一级、二级到三级，由宏观到微观逐层深入细化，构成一套逻辑清晰、不可分割的指标体系。

4. 简便统一原则

我国自然资源禀赋条件复杂，导致不同地区自然资源的观测指标千差万别，应构建简便统一的指标体系，反映复杂的多资源、多要素相互作用过程等内容，将各种资源数量、质量、相互间作用过程细化成不同阶段或过程，采取模块化的指标设计，便于在实际观测工作中，根据不同类型、不同区域的自然资源，选取符合地域和自然资源禀赋特征的观测指标模块。

5.2.2 指标选取的基本原则

1. 代表性原则

观测指标应能够系统地反映区域自然资源种类、数量、质量、分布等综合特征，便于有效地认识和掌握各类资源的变化规律以及发展趋势。

2. 继承性原则

观测指标体系应充分研究国内外已有相关观测网指标设计，参考其中具有自然资源属性的相关指标，结合自然资源要素综合观测网的建设需求，合理设置观测频次和精度。

3. 通用性原则

在选取观测指标过程中，尽量与国内标准和国际通用标准有效衔接，促进科学指标观测数据的流通和共享。

4. 可比性原则

同一层次的观测指标应具有相同的计量单位、计算方法、观测方法和内涵范围，从而使得自然资源要素综合观测结果既能反映实际情况，又便于在不同空间位置、不同时间跨度和不同资源类型间进行比较（曹燕丽等，2006；张彪等，2009；李颖等，2011；王晓学等，2013）。通过分析差异与规律，掌握资源相对赋存状态，反映发展变化趋势。

5.3 指标体系构建思路及方法

自然资源要素综合观测指标体系是由各类自然资源要素按其内在联系形成的科学的有机整体，涉及自然资源学、地球系统学、综合生态学、环境学、地理学和气象学等多个学科相关内容（吴国雄等，2020）。根据自然资源要素综合观测指标体系建立和指标选取的基本原则，在自然资源要素分类的基础上，采用正反演相结合、模块组合等方法，围绕自然资源数量、质量和相互影响作用方面开展筛选、整合和设计，构建自然资源要素综合观测指标体系（图 5-1）。

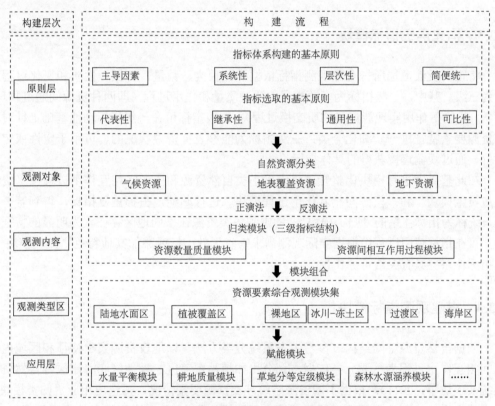

图 5-1 自然资源要素综合观测指标体系构建思路图

5.3.1 遴选观测对象

本次设计的自然资源要素综合观测的要素对象按照本章 5.1 节中划分出的自然资源分类方案，依据资源赋存的立体空间状态，分为气候资源、地表覆盖资源和地下资源三大类。其中，气候资源分为大气水分资源、光能热量资源、风能资源和大气成分资源（邓先瑞等，1995）；地表覆盖资源涵盖地表水资源、林木资源、草资源、作物资源、冰川资源和海水资源；地下资源涉及林草地资源、耕地资源、冻土资源、海滩资源和地下水资源。

5.3.2　正、反演遴选观测指标

　　针对立体空间结构划分出的三大类、十五小类自然资源分类采用正演法和反演法相结合的方法对具体观测指标进行整理比对。运用正演法参考文献著作、国家标准、国内外已有相关指标体系等，寻找能够反映资源本体具有的属性特征、结构、理化性质的指标，以及表征本体与客体之间相互影响及变化规律的指标。使用反演法从各类资源具有的功能角度出发反推观测指标，首先明确各类资源的具体功能；其次剖析用哪些方法能对这些功能进行定性或定量评价，这些方法中需要用到哪些可观测参数，根据这些参数最终确定需要观测的具体指标。将通过正、反演两种方式所得到的指标进行比对，整合出能够充分反映资源数量、质量和作用过程的全部观测指标。

5.3.3　构建层级指标模块

　　将正、反演遴选所得全部观测指标依据资源种类、数量、特征、性质和变化过程划分为三级。其中，一级指标为资源数量、资源质量和作用过程（即两种资源间通过物理、化学、生物等作用实现能量和物质交换过程）；二级指标可在一级指标功能基础上针对不同资源要素特征进一步细化分类；三级指标为能够表征资源状况的、可用于定性或定量评价、通过观测直接获得的具体指标。

　　在此基础上进行模块化整合，将十五小类自然资源和资源间相互作用过程按"资源数量质量模块"和"资源间相互作用过程模块"进行归纳，去掉重复指标，得到若干模块，统称为指标体系的"归类模块"。考虑到各类资源在不同地区存在较为明显的特征差异，可在指标使用过程中根据实际观测需求缺省无效指标或添加其他特色"归类模块"，使指标体系更具有灵活可操作性。

5.3.4　搭建观测指标模块集

　　依据自然资源空间结构，参考生态系统分类方法，以地表资源禀赋特征和区域内资源间相互作用过程为主要分类依据，划分出如植被覆盖区、裸地区和海岸区等自然资源系统（丁访军，2011）。根据不同资源系统涉及资源要素情况，筛选出相应"归类模块"并进行组合，从而建立各"资源要素综合观测模块集"。各模块集可有效应用于大气-地表-地下多层次、个体-景观-区域多尺度的立体化综合观测中，并能够实现自然资源要素综合观测数据与国家生态系统观测研究网络数据的流通和共享（Lopez et al.，2005；Bringezu et al.，2016；周成虎，2020；杨斌等，2021）。

5.3.5　形成解决问题的赋能模块

　　为有效服务于自然资源资产化管理、资源系统平衡相关科学问题研究和预判未来资源状态模型模拟等需求，本次设计从各"归类模块"中按需抽选相关指标，建立若干指

标体系"赋能模块"，即用于解决实际管理、科研问题、预测自然资源时空演变规律与发展趋势的功能模块。该模块是指标体系中实现观测数据科学、合理利用和价值转化的关键组成部分，是综合观测指标体系中不可或缺的一环。"赋能模块"的构建需结合自然资源部相关司局管理职责，为实现自然资源精细化管理、分等定级和开发利用评价考核、资源环境承载力和国土空间开发适宜性评价等提供理论支撑和长期数据保障（董祚继，2019）。

5.4 指标体系结构框架

自然资源要素综合观测指标体系是围绕着综合观测网的建设形成的，它是由各类自然资源要素按其内在联系形成的科学的有机整体，涉及学科领域多且影响因素复杂。这就要求在构建过程中，应综合考虑各方面因素，以自然资源学、系统学为基础，对指标体系进行清晰而全面的结构划分（Huysman et al.，2015；刘晓煌等，2020；徐自为等，2020）。

本次构建的指标体系由40个归类模块（包含资源数量质量模块和资源间相互作用过程模块）、6个综合观测模块集（陆地水面区、植被覆盖区、裸地区、冰川-冻土区、过渡区、海岸区）和若干个赋能模块组成（图5-2）。该指标体系能够实现对自然资源种类、数量实时有效的统计计算；对资源质量准确可靠的评价分析；对资源间相互作用过程变化的实时监控预警。

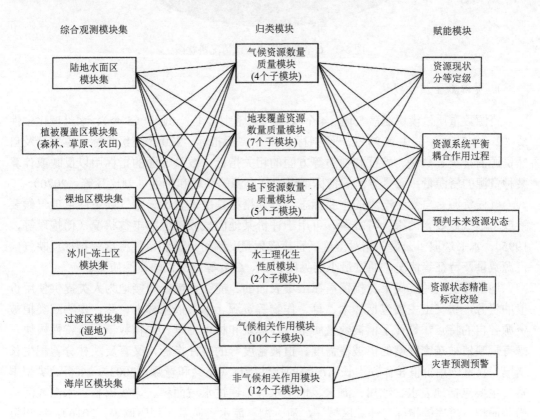

图 5-2 指标体系框架结构示意图

5.4.1 归类模块

归类模块是指标体系的核心组成部分，由资源数量质量模块和资源间相互作用过程模块组成，也是六大资源要素综合观测模块集建立的基础，可为赋能模块提供指标支撑。各归类模块设计的合理性、指标选取的科学性、模块间的关联性都对整个综合观测指标体系有着至关重要的影响。归类模块中共构建了 6 个模块，各模块占比情况见图 5-3。归类模块内含 40 个子模块，其中包括 18 个资源数量质量模块和 22 个资源间相互作用过程模块。

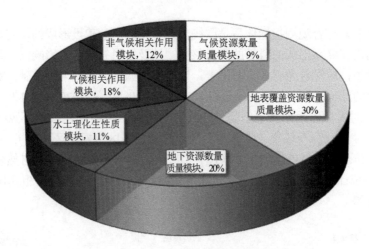

图 5-3　6 个归类模块占比情况饼状图

1. 资源数量质量模块

资源数量质量模块涵盖气候（4 个）、地表覆盖（7 个）、地下（5 个）、水土理化生性质（2 个）方面，其中有 29 个一级指标、68 个二级指标、370 个三级指标，主要涉及自然资源的种类、数量、特征和性质等方面的相关指标。数量方面的指标用以反映或计算某种资源的资源量；质量方面的指标用以表征资源的品质和特性（刘玖芬等，2020）。

气候资源是自然生产力的主要标志。气候指标是用来表示一定气候条件单项气候要素或多项气候要素的综合特征量，可用于评价某地区气候资源的丰贫状况（傅抱璞等，1995）。本书选取了云量、相对湿度、直接辐射量、瞬时风速和风能密度等指标反映气候资源数量及特征等情况，通过最小能见度、O_3、CH_4 等指标反映资源质量。

地表覆盖资源广义上泛指覆盖在土壤表面的、能够直接或间接地为人类提供使用价值的资源，狭义上主要包括林木、草、作物等资源。本书依据林木、草、作物三类植被资源各自的特点，设计了植被数量质量共性模块和林木、草、作物数量质量特性模块，既有反映植被茂密程度的植被覆盖度、植被密度等的共性指标，又有反映林分蓄积生长情况、牧草饲用价值和作物生长情况等的特性指标（王兵和董娜，2003）。水资源类型丰富，主要包括地表水、冰川、海水、地下水等，通过水域面积、岸线周长、水深或河流横截面积、流速等指标可计算区域江、河、湖、库水资源量（刘璐璐等，2016）；冰川资源主要关注冰川、永久性积雪的数量和形态变化等信息，通过冰川长度、宽度、密度面积和厚度可计算冰川冰储量，通过积雪面积、各雪层深度和雪水当量估算积雪体积和雪水完全融化储量（Pulliainen et al.，2020）。

地下资源包括土地资源和地下水资源。土地资源是指在一定技术经济条件下可以被人类利用的土地，即已经开垦利用的土地和可以利用而尚未利用的土地，包括农用地（林地、草地、耕地）和未利用地（冻土、海滩）等。农用地共性模块主要关注土地类型、土地面积、土壤分层厚度、坡度坡向、土壤结构、质地、容重和成分含量等信息，反映土地资源数量和土壤品质（郭旭东，2014）。耕地特性模块侧重关注耕地轮作体系、耕种面积田间持水量、土壤养分和团聚体稳定性等方面。冻土模块关注冻土冻结状态、冻胀作用和融化下沉特性等。对于海滩资源的观测，主要关注海滩的类别、特征、沉积物性质及提供生境质量，以反映海滩类型特性、海滩分布状况及规模、沉积水动力环境和物质交换情况。在地下水模块中，根据现有技术及条件，通过补给量减去消耗量的方式估算地下水资源数量，依据地下含水层的厚度、地下水水位、断面宽度等计算地下水径流量。

2. 资源间相互作用过程模块

资源间相互作用过程模块涉及气候相关作用过程（10个）、非气候相关作用过程（12个），其中有22个一级指标、56个二级指标、152个三级指标，主要涉及自然资源动态变化、相互作用方面的指标。各归类模块间的相互关联详见图5-4，归类模块各级指标数目详见表5-1。

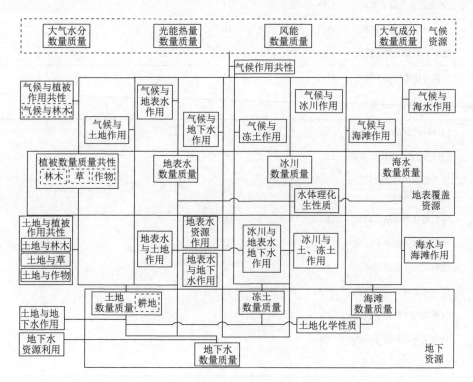

图 5-4　归类模块间相互关联示意图

表 5-1　归类模块集组成表

模块名称	子模块名称	子模块代码	一级指标数	二级指标数	三级指标数	水面区	植被覆盖区			裸地区	冰川-冻土区	过渡区（湿地）	海岸区
							森林	草原	农田				
气候资源数量质量模块	大气水分数量质量子模块	Q1	2	3	8	√	√	√	√	√	√	√	√
	光能热量数量质量子模块	Q2	1	2	15	√	√	√	√	√	√	√	√
	风能数量质量子模块	Q3	1	2	11	√	√	√	√	√	√	√	√
	大气成分数量质量子模块	Q4	1	2	10	√	√	√	√	√	√	√	√
地表覆盖资源数量质量模块	地表水数量质量子模块	Q5	2	5	26	√					√	√	√
	植被数量质量共性子模块	Q6	2	4	14		√	√	√				
	林木数量质量特性子模块	Q7			13		√						
	草数量质量特性子模块	Q8	2	5	26			√				√	√
	作物数量质量特性子模块	Q9	2	4	13				√				
	冰川数量质量子模块	Q10	2	6	26						√		
	海水数量质量子模块	Q11	2	5	42								√
地下资源数量质量模块	土地数量质量共性子模块	Q12	2	7	24		√	√	√	√	√	√	√
	耕地数量质量特性子模块	Q13	2	6	17				√				
	冻土数量质量子模块	Q14	2	6	31						√		
	海滩数量质量子模块	Q15	2	6	18								√
	地下水数量质量子模块	Q16	2	6	17	√	√	√	√	√	√	√	
水土理化生性质模块	水体理化生性质子模块	Q17	—	—	27	√	√	√	√	√	√	√	√
	土体化学性质子模块	Q18	—	—	32	√	√	√	√	√	√	√	√
气候相关作用过程模块	气候作用过程共性子模块	E1	1	4	27		√	√	√	√	√	√	√
	气候与地表水作用子模块	E2	1	2	3	√						√	
	气候与植被作用过程共性子模块	E3	1	4	15		√	√	√				
	气候与林木作用子模块	E4	1	3	3		√					√	√
	气候与冰川作用子模块	E5	1	3	12						√		
	气候与海水作用子模块	E6	1	2	4								√
	气候与土地作用子模块	E7	1	5	10		√	√	√	√		√	√
	气候与冻土作用子模块	E8	1	6	7						√		
	气候与海滩作用子模块	E9	1	5									√
	气候与地下水作用子模块	E10	1	2	5	√	√	√	√	√	√	√	

续表

模块名称	子模块名称	子模块代码	一级指标数	二级指标数	三级指标数	水面区	植被覆盖区	裸地区	冰川-冻土区	过渡区(湿地)	海岸区
非气候相关作用过程模块	地表水资源利用子模块	E11	1	1	3	√			√	√	√
	地表水与土地作用子模块	E12	1	3	8	√			√	√	√
	地表水与地下水作用子模块	E13	1	1	10	√			√	√	√
	土地与植被作用过程共性子模块	E14	1	3	5		√	√		√	√
	土地与林木作用子模块	E15	1	2	10	√				√	√
	土地与草作用子模块	E16	1	1	2		√			√	√
	土地与作物作用子模块	E17	1	2	3		√			√	
	土地与地下水作用子模块	E18	1	1	3	√	√	√		√	
	冰川与地表水、地下水作用子模块	E19	1	1	4				√		
	冰川与土地、冻土作用子模块	E20	1	1	1				√		
	海水与海滩作用子模块	E21	1	2	5						√
	地下水资源利用子模块	E22	1	2	6	√	√	√		√	

气候资源与其他自然资源密切相关，特别是水资源。气候变化会影响地表覆盖资源的面积分布、植被群落、结构功能等的变化（霍治国等，1993；傅伯杰等，2017b；应王敏等，2020）。因此，关注气候资源的变化和其他自然资源的相互作用过程，对认识自然资源的变化动因机制、发展过程和演化趋势有着至关重要的作用。鉴于大气降水、沉降等对地表覆盖资源的普遍影响，设计气候作用过程共性模块，观测日降水量、降水强度、干/湿沉降总量等指标，记录气候资源对其他资源的影响情况（韩春坛等，2020）。地表水、冰川、海面、土地、冻土资源受气温、湿度、风等影响，发生蒸发、升华、凝华、融化、凝固、风蚀等作用，促进自然资源间水分和热量的循环。植被资源在降水、辐射、气温等影响下，进行蒸腾、光合、呼吸作用，促进植被的生长和自然界物质交换。

非气候相关作用过程包括地表水和地下水的相互补给，地表水、地下水和土地间的渗流、侵蚀改造，土地与植被的水分供给、呼吸、保育作用，冰川融化对水资源的补给和与土地、冻土间的热量传递。通过观测地下水位判断区域内地表水与地下水的相互补给；河水输沙量及河沙中值粒径反映流域水土流失程度，结合河道下蚀深度、河流曲率反映河水对地貌的改造程度；根系茎流值、树干茎流量等反映植物吸水量（Wan et al.，2020）；冰川融水截面积、流速、水位等指标可计算融水径流量，反映冰川消融情况和对地表或地下水资源的补给。

5.4.2　资源要素综合观测模块集

本指标体系共构建有 6 个资源要素综合观测模块集，包括陆地水面区模块集、植被覆盖区模块集（森林、草原、农田）、裸地区模块集、冰川-冻土区模块集、过渡区模块集（湿地）和海岸区模块集，分别涉及 174 个（陆地水面）、253 个（森林）、255 个（草原）、259 个（农田）、193 个（裸地）、305 个（冰川、冻土）、330 个（湿地）、373 个（海岸带）三级指标，所有模块集均由归类模块中的各类子模块组合构成。具体各模块集组成情况如表 5-1 所示。

5.4.3　赋能模块

赋能模块是综合观测指标体系中不可或缺的一环，也是观测数据实现价值转化的重要部分。该模块依据观测数据特征、功能和相关理论模型，结合国家战略、经济发展、科学研究、环境保护等方面的实际需求构建，以解决实际问题、预测自然资源时空演变规律与发展趋势为目标，实现观测数据科学、有效利用和成果转化。

1. 获取站点尺度长期、连续、精细化的资源现状

围绕土地、水、海洋、植被等各类资源要素，进行站点尺度上资源数量（土地或水域面积、土壤分层厚度和牧草生产力等）和资源质量（土壤含水率、水体理化性质和牧草叶片含量等）指标的观测，获取高分辨率、高频次、高精度观测数据，运用统计计算、数值分析、模型拟合等科学方法，摸清自然资源禀赋特征和生态环境本底状况，对土地资源承载力、水资源环境承载力、海洋环境承载力、牧草载畜能力等进行评价，开展各类资源资产价值评估、资产核算和资源分等定级等。基于各类资源环境承载力评价等结果，科学划定国土空间生态状态分析评价和生态保护红线（王容等，2015；陈善荣和陈传忠，2019）。

2. 获取资源间耦合作用过程和资源系统平衡数据

通过对气候与地表水（蒸发量、水面温度等）、气候与植被（释放氧气量、固氮量等）、土地与林木（枝干重、腐殖质厚度等）、土地与植被（根系呼吸速率、枯落物持水量等）等资源作用模块指标观测，获取资源间耦合作用过程和自然资源系统平衡观测数据，利用模型模拟等技术手段，定量评价分析资源耦合作用关系和相互转化过程，解决区域水、关键地球化学元素和能量平衡等主要资源系统问题（Duveiller et al., 2018）。在此基础上，开展资源环境承载力与国土空间适宜性评价等内容，进而支撑服务国土空间多资源综合生态状态分析评价和生态保护红线、区域的划定（封志明等，2017；匡文慧，2019）。

3. 构建模型模拟预判未来资源状态

以观测大气水分数量质量、地表水数量质量、地热数量质量、气候与林木作用和

地表水与土地作用等40个指标子模块，获取各类自然资源长期、连续、稳定的海量观测数据和建模的基本参数为基础，从"山水林田湖草是生命共同体"理念和地球系统科学理论视角出发，应用现代数据模型模拟和智能分析等技术手段，建立精准的自然资源模型，开展自然资源长期演变趋势、变率和幅度等特征研判（崔向慧等，2017）；搭建集"潜力分析—过程模拟—效益评价"于一体的模拟系统，提供可视化决策仿真环境，完成各种场景的模拟预判，预估自然资源面临的风险和问题，产出对自然资源未来状态研判成果，做出科学准确的预测预警，最大程度降低决策风险、缩短决策时间，完成最优选项勾选，确保科学、精准决策，实现对自然资源未来状态的可研、可预、可控。

4. 开展资源状态的精准标定校验

模型用于认识和研究自然资源演化趋势，是预测资源未来状态的重要方法和途径，而模型的可信度和可用性是开展研究和预判资源变化动因机制的前提和基础。利用过去或现在的资源数量质量和资源间相互作用过程等指标观测数据，通过灵敏度、拟合度分析等技术方法，对现有模型进行标定和验证，校核模型预测数据和观测数据或期望数据的吻合程度，确保模型对自然资源未来数据预测的精准度、逼真度。同时，为了实现卫星遥感、航空航天和地面观测站的有效融合和数据的相互补充，应提高遥感数据的精准化程度，基于自然资源要素综合观测指标体系获取覆盖全国的"多站网、全天候、多要素"的观测数据，对遥感图像上能够判别和解释地面某一目标物或现象的影像特征，如形状、颜色、温度、水分含量等特性进行标定，建立精确度、稳定性高的遥感数据解译标志和标准，提供高频次、标准化、高精度的定标服务（王远超等，2021）。

5. 精准、高效服务自然灾害预测预警

依托自然资源要素综合观测指标体系，在对水、土壤、气候、海洋等各类资源相关指标（如地下水向地表渗出量、水位、降水量、土壤结构、海流流速等）实时观测数据和过去累积数据的基础上，利用自然灾害风险评估模型、人工智能、知识图谱等技术，对地面塌陷、泥石流、水旱、海岸侵蚀等多种自然风险，针对不同强度灾害的可能性及其可能造成的后果进行定量和综合风险评估；并运用多种灾害态势分析模型及观测数据分析、人工智能等技术，得出灾害发展趋势推演成果，研判灾害未来发展态势，形成自然灾害风险图和自然灾害预警信息，为相关部门进行自然灾害决策管理提供数据支撑和保障（罗奇等，2021；汤宇磊等，2021）。

根据赋能模块构建的目的，更好掌握了解赋能模块实际运用过程、思路和方法，结合自然资源部各司局管理职责，针对具体需要解决的某些问题，在此举例说明赋能模块的服务功能，如表5-2所示。

表 5-2 赋能模块服务功能示例

名称	职能	拟解决问题（赋能模块）	解决问题涉及的指标	指标隶属子模块代码
调查监测司	专项调查监测评价和成果发布共享	资源数量、质量变化动因机制及耦合	监测侧重于本底掌握，立足当下；观测侧重于机制过程研究，预判未来，两者互补	Q1-18、E1-22
所有者权益司	自然资源资产价值评估和资产核算	水资源资产价值评估和资产核算	水域面积、水质等	Q5、Q16、Q17、E13
		可开发森林资源资产价值评估和资产核算	森林群落的胸高断面积、林冠结构等	Q6、Q7、E3
		牧草资产价值评估和资产核算	牧草成熟度、叶片含量等	Q6、Q8、E3
		……	……	……
开发利用司	自然资源分等定级价格评估和开发利用评价考核	江河湖库分等定级及水质考核评估	流域面积、岸线周长等	Q5、Q17
		农用地分等定级及土质考核评估	以耕地为例，田间持水量、土壤酶活性等	Q12、Q13、Q18
		作物资源分等定级	产量、籽粒品质等	Q6、Q9
		……	……	……
国土空间规划司	资源环境承载力、国土空间开发适宜性评价	牧草载畜能力评价	牧草产量、载畜量等	Q6、Q8、E3、E16
		土地资源承载力评价	土地类型、面积、土质、土壤分层厚度等	Q12、Q13、Q18、E7、E14-18
		……	……	……
耕地保护监督司	开展耕地保护责任目标考核和永久基本农田特殊保护	永久基本农田及永久基本农田储备量	轮作体系、年耕地播种总面积等	Q12、Q13
		耕地资源质量	土壤养分、土壤团聚体等	Q12、Q13、Q18
		……	……	……
地质勘查管理司	开展地质灾害的预防和治理工作，监督管理地下水过量开采及引发的地面沉降等地质问题	暴雨、融雪诱发的地质灾害预警	地面坡度、水位、降水强度及持续时间等	Q1-5、Q12、E1、E7、E19
		地下水过量开采及引发的地面沉降	地下水位、含水层岩性等	Q16、E18
		海岸沉降和海水入侵预警	海水水位、地下水水位、地下淡水矿化度等	Q11、Q16、Q17
		……	……	……
海洋战略规划与经济司	海岸带综合保护利用；推动海洋可再生能源等海洋新兴产业发展	海洋可再生能源资源状况	潮汐能、盐差能、海流能等指标	Q11
		海岸带空间功能划分和管控	近海海域及海滩面积、海滩类型、海滩长度等	Q6、Q11、Q15
		……	……	……

续表

名称	职能	拟解决问题（赋能模块）	解决问题涉及的指标	指标隶属子模块代码
海洋预警监测司	海洋生态预警监测、灾害预防、风险评估和隐患排查治理；建设和管理国家全球海洋立体观测网	近海海域污染预警监测	水质、海水照度、光束衰减系数等	Q11
		海洋生态灾害预警监测	浮游动植物初级生产力、海水生化需氧量等	Q11
		海岸侵蚀风险评估	岸线侵蚀长度、最大侵蚀宽度、侵蚀面积等	Q11、Q15、E21
		……	……	……
生态修复司	制定国土空间生态修复规划	水土流失程度及治理	河流输沙量、河流曲率等	Q5、E12
		土壤修复治理	土壤重金属含量、土壤结构等	Q12、Q18
		退化林地生态修复	植被种类及数量，草本群落物种组成等	Q6、Q7
		……	……	……

参 考 文 献

曹燕丽，崔向慧，卢琦，等. 2006. 荒漠生态系统定位观测方法与指标体系探讨. 中国沙漠，26（4）：619-624.

陈善荣，陈传忠. 2019. 科学谋划"十四五"国家生态环境监测网络建设. 中国环境监测，35（6）：1-5.

崔向慧，卢琦，郭浩. 2017. 荒漠生态系统长期观测标准体系研究与构建. 中国沙漠，37（6）：1121-1126.

邓先瑞，汤大清，张永芳. 1995. 气候资源概论. 武汉：华中师范大学出版社.

丁访军. 2011. 森林生态系统定位研究标准体系构建. 北京：中国林业科学研究院.

董祚继. 2019. 新时代国土空间规划的十大关系. 资源科学，41（9）：1589-1599.

封志明，杨艳昭，闫慧敏，等. 2017. 百年来的资源环境承载力研究：从理论到实践. 资源科学，39（3）：379-395.

傅抱璞，毛政旦，陈万隆，等. 1995. 气候资源与开发利用. 北京：气象出版社.

傅伯杰，田汉勤，陶福禄，等. 2017a. 全球变化对生态系统服务的影响. 中国基础科学，19（6）：14-18.

傅伯杰，于丹丹，吕楠. 2017b. 中国生物多样性与生态系统服务评估指标体系. 生态学报，37（2）：341-348.

郭旭东. 2014. 土地资源数量质量生态监测指标体系研究. 国土资源情报，15（10）：32-38.

韩春坛，王磊，陈仁升，等. 2020. 祁连山高寒山区降水观测网络及其数据应用. 资源科学，42（10）：1987-1997.

黄贤金. 2019. 自然资源统一管理：新时代、新特征、新趋向. 资源科学，41（1）：1-8.

霍治国，李世奎，王石立. 1993. 中国气候资源. 北京：科学普及出版社.

匡文慧. 2019. 新时代国土空间格局变化和美丽愿景规划实施的若干问题探讨. 资源科学，41（1）：23-32.

李颖，张占月，陈庆华. 2011. 空间对地观测系统指标体系研究. 装备指挥技术学院学报，22（5）：51-54.

刘玖芬，高阳，冯欣，等. 2020. 自然资源要素综合观测质量管理体系构建. 资源科学，42（10）：1944-1952.

刘璐璐，曹巍，邵全琴. 2016. 南北盘江森林生态系统水源涵养功能评价. 地理科学，36（4）：603-611.

刘晓煌，刘晓洁，程书波，等. 2020. 中国自然资源要素综合观测网络构建与关键技术. 资源科学，42（10）：1849-1859.

罗奇，赫银峰，王鹏，等. 2021. 自然资源要素综合观测体系运维模式及保障体系构建. 中国地质调查，8（2）：20-25.

孟微波，倪劲松，周建斌. 2019. 自然资源调查探索与实践——以江苏省如东县试点为例. 中国土地，38（5）：19-22.

潘文岚. 2015. 中国特色社会主义生态文明研究. 上海：上海师范大学.

潘贤章，吴冬秀，袁国富，等. 2018. CERN观测指标、方法及规范的研究与修订. 北京：中国科学院.

钱建利，杨斌，张贺，等. 2020. 基于立体综合观测的湿地资源观测指标体系构建. 资源科学，42（10）：1921-1931.

孙兴丽，刘晓煌，刘晓洁，等. 2020. 面向统一管理的自然资源分类体系研究. 资源科学，42（10）：1860-1869.

谭术魁. 2011. 土地资源学. 上海：复旦大学出版社.

汤宇磊，吴杨杨，蒋兴征，等. 2021. 面向自然资源信息提取的多源异构数据融合技术——以汉江流域NDVI数据为例. 中国地质调查，8（2）：74-82.

王兵，董娜. 2003. 林业生态环境监测数据采集. 林业科技管理，12（3）：31-32.

王容，袁婷，张亚. 2015. 湿地生态环境影响评价研究的进展. 青海环境，25（4）：187-190.

王晓学，沈会涛，李叙勇，等. 2013. 森林水源涵养功能的多尺度内涵、过程及计量方法. 生态学报，33（4）：1019-1030.

王远超，彭毅，刘晓煌，等. 2021. 全国自然资源要素综合观测体系建设需求及发展动态. 中国地质调查，8（2）：47-54.

吴国雄，郑度，尹伟伦，等. 2020. 专家笔谈：多学科融合视角下的自然资源要素综合观测体系构建. 资源科学，42（10）：1839-1848.

伍大荣. 1995. 加强自然资源管理的现实选择. 资源科学，17（1）：16-22.

徐自为，刘绍民，车涛，等. 2020. 黑河流域地表过程综合观测网的运行、维护与数据质量控制. 资源科学，42（10）：1975-1986.

严竞新，殷小庆，陈骏，等. 2019. 自然资源调查与监测标准现状分析. 测绘标准化，35（4）：1-4.

杨斌，陈映，潭昌海，等. 2021. 青藏高原自然资源要素综合观测实施进展与展望. 中国地质调查，8（2）：37-46.

应王敏，刘晓洁，房世峰，等. 2020. 基于机器学习的日尺度短波净辐射气候资源遥感反演研究. 资源科学，42（10）：1998-2009.

袁承程，高阳，刘晓煌. 2021. 我国自然资源分类体系现状及完善建议. 中国地质调查，8（2）：14-19.

袁国富，朱治林，张心昱，等. 2019. 陆地生态系统水环境观测指标与规范. 北京：中国环境出版集团.

张彪，李文华，谢高地，等. 2009. 森林生态系统的水源涵养功能及其计量方法. 生态学杂志，28（3）：529-534.

章光新，武瑶，吴燕锋，等. 2018. 湿地生态水文学研究综述. 水科学进展，29（5）：737-749.

赵士洞. 2005. 美国国家生态观测站网络（NEON）——概念、设计和进展. 地球科学进展，20（5）：578-583.

中国科学院碳循环项目办公室. 2005. 中国陆地生态系统通量观测网络研究进展. 资源科学，29（1）：160.

周成虎. 2020. 自然资源要素综合观测体系专辑序言. 资源科学，42（10）：1837-1838.

朱岳年. 1990. 综合利用自然资源保护人类生存环境. 中国人口资源与环境，2（3）：77-79.

Bringezu S, Potocnik J, Schandl H, et al. 2016. Multiscale governance of sustainable natural resource use-challenges and opportunities for monitoring and institutional development at the national and global level. Sustainability, 8（8）：778.

Duveiller G, Hooker J, Cescatti A. 2018. The mark of vegetation change on Earth's surface energy balance. Nature Communications, 9（1）：679.

Gao L, Bryan B A. 2017. Finding pathways to national-scale land-sector sustainability. Nature, 544：217-222.

Huysman S，Sala S，Mancini L，et al. 2015. Toward a systematized framework for resource efficiency indicators. Resources，Conservation and Recycling，95：68-76.

Lopez R S，Keulen H，Ittersum M K，et al. 2005. Multiscale sustainability evaluation of natural resource management systems：quantifying indicators for different scales of analysis and their trade-offs using linear programming. International Journal of Sustainable Development & World Ecology，12（2）：81-97.

Napolskikh D L，Yalyalieva T V，Larionova N I，et al. 2016. System of criteria and indicators for the development of resource-based multiclusters. Advances in Systems Science and Applications，16（4）：22-28.

Pulliainen J，Luojus K，Derksen C，et al. 2020. Patterns and trends of Northern Hemisphere snow mass from 1980 to 2018. Nature，581：294-298.

Wan N F，Zheng X R，Fu L W，et al. 2020. Global synthesis of effects of plant species diversity on trophic groups and interactions. Nature Plants，6（5）：503-510.

第6章 归类模块

6.1 概　况

归类模块是指标体系的核心组成部分，由资源数量质量模块和作用过程模块组成，是六大资源要素综合观测系统建立的基础，为赋能模块提供指标支撑。各归类模块设计的合理性、指标选取的科学性、模块间的关联性都对整个综合观测指标体系有着至关重要的影响。

6.2　资源数量质量模块

资源数量质量模块共 18 个，气候（4 个）、地表覆盖（7 个）、地下（5 个）、水土理化生性质（2 个），其中有 35 个一级指标、80 个二级指标、362 个三级指标（不含重复项）。该模块主要包含自然资源的种类、数量、特征和性质等方面的指标（表 5-1）。数量方面的指标用以反映或计算某种资源的资源量；质量方面的指标用以表征资源的品质和特性。

6.2.1　气候资源数量质量模块

1. 大气水分数量质量子模块（Q1）

大气是包围地球的空气，为地球生命的繁衍和人类的发展提供了理想的环境。它的状态和变化时时刻刻影响着人类的活动与生存。天气从现象上来讲，绝大部分是大气水分变化的结果。

大气水分资源观测指标共 13 个，其中一级指标有 2 个，为大气水分资源数量和大气水分资源质量；表征一级指标数量和质量的指标为二级指标，有 3 个，包括云资源量、大气水分资源量、云层状况；表征二级指标属性特征的指标为三级指标，有 8 个，具体内容见表 6-1。

表 6-1　大气水分数量质量子模块

一级指标	二级指标	三级指标	指标功能	计量单位	观测频率
大气水分 资源数量	云资源量	云量	反映云的数量	成	1 次/1d
	大气水分 资源量	铅直水汽通量	反映大气水分资源量	g/（cm·hPa·s）	1 次/1d
		水汽通量散度	反映大气水分资源量	g/（cm²·hPa·s）	1 次/1d
		相对湿度	反映大气水分资源量、计算气候风能资源总储量	%	3 次/1d

续表

一级指标	二级指标	三级指标	指标功能	计量单位	观测频率
大气水分资源质量	云层状况	云状	反映云的形态	—	1 次/1d
		云高	反映云的位置	m	1 次/1d
		基本反射率	反映云内部降水粒子的尺度和密度	dBz	1 次/6min
		组合反射率	反映云内部降水粒子的尺度和密度	dBz	1 次/6min

云量是指云遮蔽天空视野的成数，估计云量的地点必须能见全部天空，当天空部分被障碍物（如山、房屋等）所遮蔽时，云量应从未被遮蔽的天空部分中估计，如果一部分天空被降水所遮蔽，这部分天空应作为被产生降水的云遮蔽来看待。云状、云高指标可以用来推测未来的天气变化情况，按云的外形特征、结构特点和云底高度，可将云分为 3 族、10 属、29 类，云状的判定主要根据天空中云的外形特征、结构、色泽、排列、高度以及伴随的天气现象，参照"云图"，经过分析对比可以判定云的类型，其中判定云状要特别注意云的连续演变过程。云的基本反射率、组合反射率可以用来推测降水的强度和密度，降水云与非降水云的雷达反射率存在阈值。当云的雷达反射率大于该阈值时，就可以形成降水；相反云的雷达反射率小于该阈值时，则不能形成降水。但是该雷达反射率阈值存在许多不同的值，其变化机理是一个非常复杂的问题（Xie and Liu，2010）。

大气的铅直水汽通量指标和水汽通量散度指标反映大气水分资源量，水汽通量散度是单位时间内单位体积中水汽的净流失量。水汽通量有水平水汽通量和铅直水汽通量之分，通常说的水汽输送主要是指水平方向的水汽输送，其大小与空气密度、湿度有关，形成暴雨的必要条件之一是要有足够多的水分，计算表明，单靠当地已有的水分是不可能形成暴雨的，因此必须要有水汽源源不断地输入，才会形成暴雨。相对湿度指标反映大气水汽含量，水蒸气是大气中最重要的能量载体，并且也是最重要的温室气体，因此它的时空分布通过潜热交换，辐射性冷却、加热，云的形成和降水等对天气与气候造成了相当大的影响，从而影响动植物的生长环境，其变化是植被改变的主要动力，对农业生产有一定的影响。另外，相对湿度对工业工艺也会产生很大影响，并且通过影响气溶胶的光学特性，从而对太阳增温率具有系统影响，这对研究气溶胶的气候效应是有意义的（卢爱刚，2013）。

2. 光能热量数量质量子模块（Q2）

太阳辐射是光能热量资源的主要来源，光能热量资源属于可再生能源，是一种环境友好型能源，利用潜力很大。目前，对光能热量资源利用效率较低，且受天气影响较大，具有较大的不稳定性。对光能热量资源的研究有利于保护生态环境。

气候资源主要由光能和热量组成，共有 18 个观测指标。其中，一级指标有 1 个，为气候资源数量；二级指标有 2 个，为太阳能辐射资源量和其他辐射量；三级指标有 15 个，具体内容见表 6-2。

表 6-2　光能热量数量质量子模块

一级指标	二级指标	三级指标	指标功能	计量单位	观测频率
气候资源数量	太阳能辐射资源量	最高气温	反映热量资源情况	℃	1 次/1d
		最低气温	反映热量资源情况	℃	1 次/1d
		平均气温	反映热量资源基础情况、计算气候风能资源总储量	℃	1 次/1d
		积温	反映热量资源积累	℃	1 次/1 月
		太阳高度角	反映光能资源情况	°	1 次/1h
		日出时间	反映日照时间	—	1 次/1d
		日落时间	反映日照时间	—	1 次/1d
		光照度	反映光能资源、计算光亮度	lx	1 次/1d
		太阳总辐射量	反映光能资源总量	W/m^2	实时观测
		直接辐射量	反映输入光能资源情况	W/m^2	实时观测
		紫外辐射量	反映紫外辐射强弱	W/m^2	实时观测
	其他辐射量	长波辐射量	反映大气和地面辐射情况	W/m^2	实时观测
		净全辐射量	反映地球热量收支状况	W/m^2	实时观测
		散射辐射量	反映光能资源情况	W/m^2	实时观测
		反射辐射量	反映光能资源情况	W/m^2	实时观测

在光能资源方面，太阳高度角间接反映了太阳辐射强度，通过记录日出及日落时间可以计算每日接受太阳辐射的时长。而光照度又反映了单位面积上所接受可见光的能量。光能资源量即为太阳总辐射量（global horizontal irradiance，GHI），即地球表面某一观测点水平面上接收太阳的直接辐射与太阳散射辐射的总和；直接辐射量（direct normal irradiance，DNI）则表示某时刻的瞬时水平面直接辐照度；散射辐射量（diffuse horizontal irradiance，DHI）表示某时刻的瞬时水平面散射辐照度。通过对上述三个指标的观测，可以计算出光能资源总量。而在其他辐射方面，观测紫外辐射量、长波辐射量、净全辐射量和反射辐射量指标对研究光能的其他作用也有重要意义，如大气中的紫外辐射对微生物有较大的破坏作用，但适当的紫外辐射可以产生维生素 D。

为了掌握热量资源状况，主要通过观测某日最高气温、最低气温和平均气温等指标进行定量评价。其中，最高气温、最低气温和平均气温反映了一天中气温的变化情况，积温则表示在某天中大于某一温度的总和，代表了热量资源的积累。

3. 风能数量质量子模块（Q3）

风能是空气流动所产生的动能，属于太阳能的一种转化形式（殷冬琴，2018）。由于太阳辐射造成地球表面各部分受热不均匀，引起大气层中压力分布不平衡，在水平气压梯度的作用下，空气沿水平方向运动形成风。风能资源的总储量巨大，一年中技术可开

发的能量约为 $5.3×10^{13}$ kW·h，具有储量大、分布广等特点。

风能资源观测指标共有 14 个，其中一级指标有 1 个，为风能资源数量；二级指标有 2 个，为风资源量和气压状况；三级指标有 11 个，主要包括表征风资源量和气压状况的指标，具体内容见表 6-3。

表 6-3　风能数量质量子模块

一级指标	二级指标	三级指标	指标功能	计量单位	观测频率
风能资源数量	风资源量	平均风向	计算气候风能资源总储量	°	1 次/1h
		平均风速	计算气候风能资源总储量	m/s	1 次/1h
		最大风速	计算气候风能资源总储量	m/s	1 次/1h
		极大风速	反映风能资源情况	m/s	1 次/1h
		瞬时风速	反映风能资源情况	m/s	1 次/1h
		风能密度	计算气候风能资源总储量	—	1 次/1h
	气压状况	最高气压	反映大气气压情况	hPa	1 次/1h
		最低气压	反映大气气压情况、计算气候风能资源总储量	hPa	1 次/1h
		平均气压	反映大气气压基本情况、计算气候风能资源总储量	hPa	1 次/1h
		平均水汽压	反映大气气压基本情况、计算气候风能资源总储量	hPa	1 次/1h
		空气密度	反映大气环境、计算风能资源总储量	g/cm^3	1 次/1h

在风能资源数量方面，根据《全国风能资源评价技术规定》相关内容，实现对风能资源储量等相关参数的计算和评价。通过获取风速、风向、气温、气压、水汽压等指标的观测数据，结合科学试验、海洋站、船舶、浮标等测风资料，利用模型模拟或者经验公式，对风能资源总储量进行估算和定量评价。根据风能资源的计算结果，结合年平均风速分布图、年平均风能密度分布图，对评价区域风能资源分布进行描述，并进行气候成因分析（国家标准化管理委员会，2002）。分别对平均风功率密度在 ≤50W/m^2、50～100W/m^2、100～150W/m^2、150～200W/m^2 和 ≥200W/m^2 以上等区域进行分析研究，得出风能资源的分布状态。

4. 大气成分数量质量子模块（Q4）

大气成分是指组成大气的各种气体和微粒，包括干洁空气、水蒸气等。大气的状态和变化时时处处影响着人类的生活。大气污染是大气成分状态的变化，这种变化有时是很明显的，有时则以渐渐变化的形式发生，一般情况下难以觉察，如果任其发展后果有可能非常严重。

该模块观测指标共 13 个。其中一级指标有 1 个，为大气成分资源质量；二级指标有

2 个，为大气能见度和空气质量；三级指标有 10 个，具体内容见表 6-4。

大气能见度、最小能见度、最小能见度出现时间等指标观测主要反映大气环境状况，大气能见度主要受空气中的杂质和阳光强弱影响，杂质包括固体颗粒（灰尘、烟、霾等）、液滴（雾、汽等）等。一氧化碳、二氧化硫、二氧化氮、臭氧、气溶胶（$PM_{2.5}$ 和 PM_{10}）、甲烷等是空气质量常规观测指标，空气质量指数（air quality index，AQI）是一种反映和评价空气质量的方法，就是将常规观测的几种空气污染物的浓度简化成为单一的概念性数值形式，并分级表征空气质量状况，其结果简明直观、使用方便，适用于表示城市的短期空气质量状况和变化趋势。空气质量指数是根据环境空气质量标准和各项污染物对人体健康与生态环境的影响来确定指数分级和相应污染物的浓度限值。

表 6-4 大气成分数量质量子模块

一级指标	二级指标	三级指标	指标功能	计量单位	观测频率
大气成分资源质量	大气能见度	能见度	反映大气环境	km	1 次/1h
		最小能见度	反映大气环境	m	1 次/1h
		最小能见度出现时间	反映大气环境	—	1 次/1h
	空气质量	一氧化碳（CO）	计算空气质量指数 AQI	ug/m^3	1 次/1d
		二氧化硫（SO_2）	计算空气质量指数 AQI	ug/m^3	1 次/1d
		二氧化氮（NO_2）	计算空气质量指数 AQI	ug/m^3	1 次/1d
		臭氧（O_3）	计算空气质量指数 AQI	ug/m^3	1 次/1d
		气溶胶（$PM_{2.5}$）	计算空气质量指数 AQI	ug/m^3	1 次/1d
		气溶胶（PM_{10}）	计算空气质量指数 AQI	ug/m^3	1 次/1d
		甲烷	计算空气质量指数 AQI	ug/m^3	1 次/1d

6.2.2 地表覆盖资源数量质量模块

1. 地表水数量质量子模块（Q5）

地表水是指存在于地壳表面、暴露于大气的水，是河流、冰川、湖泊、沼泽四种水体的总称。地表水资源是指特定区域内由降水产生的地表径流量，包括冰雪、河川和湖沼水等，其主要动态组成为河川径流量，是人类生活用水的重要来源之一，也是水资源的重要组成部分（张静丽，2014；赵坤，2019）。其中包括两部分，一部分是人类可以利用的部分；另一部分是人类无法利用的部分，通常测量计算的地表水资源量是指河流、湖泊、冰川、沼泽等地表水的动态流量。

地表水资源一级指标有 2 个，包括地表水资源数量和地表水资源质量；二级指标有 5 个，包括湖库水资源量、江河水资源量、水体理化生性质、水情和水生生物；三级指标有 25 个，具体内容见表 6-5。

表 6-5　地表水数量质量子模块

一级指标	二级指标	三级指标	指标功能	计量单位	观测频次
地表水资源数量	湖库水资源量	水域面积	计算湖库蓄水量	km^2	1 次/1a
		岸线周长	计算湖库蓄水量	m	1 次/1a
		水深（多个测点）	计算湖库蓄水量	m	1 次/1a
	江河水资源量	河流横截面积	计算河流径流量	km^2	1 次/1a
		流速	计算河流径流量	m/s	1 次/1 月
		水位	计算河流径流量	m	1 次/1 月
		流向	反映江河水流动规律	—	1 次/1a
		流域面积	划分河流等级、计算河网密度	km^2	1 次/1a
		河道长度	计算河网密度	km	1 次/1a
地表水资源质量	水体理化生性质	详见水体理化生性质子模块	反映地表水水质	—	2 次/1a
	水情	泥沙含量	反映河流泥沙信息	kg/m^3	1 次/1 月
		水面冰层厚度	分析河流水情	m	实时观测
	水生生物	浮游植物现存种类	反映江河湖库水质及生长植物特征、生长状况	—	1 次/2a
		浮游植物现存数量	反映江河湖库水质及生长植物特征、生长状况	—	1 次/2a
		浮游植物初级生产力	反映江河湖库水质及生长植物特征、生长状况	—	1 次/2a
		大型水生植物现存种类（种子、蕨类、苔藓）	反映江河湖库水质及生长植物特征、生长状况	—	1 次/2a
		大型水生植物现存数量（种子、蕨类、苔藓）	反映江河湖库水质及生长植物特征、生长状况	—	1 次/2a
		大型水生植物初级生产力	反映江河湖库水质及生长植物特征、生长状况	—	1 次/2a
		浮游动物现存种类	反映江河湖库水质及生长动物特征、生长状况	—	1 次/2a
		浮游动物现存数量	反映江河湖库水质及生长动物特征、生长状况	—	1 次/2a
		浮游动物初级生产力	反映江河湖库水质及生长动物特征、生长状况	—	1 次/2a
		底栖类动物现存种类（水生寡毛类、软体类、水生昆虫幼虫）	反映江河湖库水质及生长动物特征、生长状况	—	1 次/2a
		底栖类动物现存数量（水生寡毛类、软体类、水生昆虫幼虫）	反映江河湖库水质及生长动物特征、生长状况	—	1 次/2a
		鱼类种类	反映江河湖库水质及生长动物特征、生长状况	—	1 次/2a
		鱼类数量	反映江河湖库水质及生长动物特征、生长状况	—	1 次/2a
		鱼类食性	反映江河湖库水质及生长动物特征、生长状况	—	1 次/2a

地表水是水循环过程中重要的组成部分，是人类活动必不可少的淡水来源之一，同时对调节各地区气候、景观、地貌等至关重要。对于任何一个自然水体而言，它并不是封闭的，总是存在着水量的补充和排泄的平衡关系。以河流为例，某一河段的水资源总量等于降水量加径流输入量。但人类关注的不仅仅是地表水资源储量的问题，无论是资源开发利用，还是对于生态的作用，水资源质量的影响都是不可不谈的因素。对于地表水资源"量"和"质"的状况，可以通过能客观反映其本质的各类指标来观测评价（秦奇等，2021）。

地表水资源量的计算方法应根据不同水体的具体情况而定，一般相对静态的水体可以使用水体面积与水体平均深度的乘积来计算。湖库水资源量的计算方法也是一样，通过观测湖库水域面积、岸线周长、水深等指标定量评价储水量。但是动态的水体，如江河水资源量的计算不能采用上述方法，而是要通过观测河流横截面积、流度、河道长度等指标，运用分段积分方法来对水资源量进行计算。

地表水资源的质量主要包括水体的理化生性质、水情和水生生物三个方面。其中水体的理化性质有温度、电导率、pH、溶解氧、浊度、各元素及化合物含量等，部分可以使用便携式水质分析仪在现场完成测定，还有部分指标则需要在实验室内进行化验测定。水情包括泥沙含量和水面冰层厚度等指标，其调查方法比较简单，泥沙含量可以通过烘干测量等方法测得，而水面冰层厚度主要通过冰层厚度传感器进行测量，属于长期连续观测的指标。水生生物的种类、数量等与水体的质量息息相关，通过观测水体中的生物种类和数量反映水体质量和生长动植物特征、生长状况。同时，可以利用模型模拟等技术方法定量评价水资源承载力等相关问题。

2. 植被数量质量共性子模块（Q6）

植被是覆盖在球表面的植物群落的总称。它与气候、土壤、水等自然环境要素密切相关。植被资源是指在目前社会经济技术条件下人类可以利用与可能利用的植物，具有能够不断自然更新和人为繁殖扩大的再生性特点。

植被资源共性观测指标共 20 个。其中，一级指标有 2 个，主要为植被资源数量和植被资源质量；二级指标有 4 个，包括植被类别、植被数量、植被质量、生境质量；三级指标有 14 个，具体内容见表 6-6。

表 6-6　植被数量质量共性子模块

一级指标	二级指标	三级指标	指标功能	计量单位	观测频率
植被资源数量	植被类别	植被类型	反映物种类型特性	—	1 次/5a
		植物种类	反映物种多样性	—	1～5 次/5a
		优势种	反映区域内物种特点	—	1～5 次/5a
	植被数量	植被面积	计算植被覆盖率	hm²	1～5 次/5a
		植被高度	计算蓄积量	m	1～5 次/5a

一级指标	二级指标	三级指标	指标功能	计量单位	观测频率
		植被覆盖度	反映植被茂密程度	%	生长季:1 次/1 周
	植被质量	植被密度	反映植被茂密程度	hm²	生长季:1 次/1 周
		植被指数（RVI、NDVI、DVIEVI、SAVI、GVI、PVI）	反映植被的生长状况	—	1 次/1d
植被资源质量		微生物种类	反映植被微生物环境	—	1 次/5a
		微生物数量	反映植被微生物环境	—	1 次/5a
	生境质量	微生物生物量碳	反映微生物影响	mg/kg	1 次/5a
		微生物生物量氮	反映微生物影响	mg/kg	1 次/5a
		动物种类（鸟类、兽类、昆虫）	反映植被提供生境情况	—	1 次/5a
		动物数量	反映植被提供生境情况	—	1 次/5a

植被资源不仅是人类生存环境的重要组成部分，而且为动植物、微生物等提供了良好的栖息地，关注植被资源数量、质量的动态变化，能够为植被资源管理和利用提供依据（张子凡等，2021）。在植被资源数量方面，通过观测植被面积、植被高度指标能够计算植被覆盖率、蓄积量等参数，可以定量评估其经济价值和生长状况；通过观测植被类型、种类指标，掌握植被种类组成、数量、结构、类型等特点，尤其以优势种指标为主要依据确定植被群落类型，并了解植被群落结构和物种多样性等特征（黄蓉等，2016；赖明等，2021；黄莉等，2021）。

植被资源质量能够反映植被资源生长状况，影响经济价值高低和生态产品优劣等方面，同时关乎人类对优美生活环境的向往。植被覆盖度、密度是反映区域植被资源质量的重要参数，研究其对评估区域植被资源质量以及生态环境质量具有重要意义，可以半定量、定性评价植被茂密程度和生长状况。结合植被指数指标，进一步定性和定量评价植被覆盖程度及其生长活力，根据植被指数时间变化规律和空间分布特征，为区域植被资源、生态演变和环境保护提供参考依据（黄兴成等，2020）。同时，植被资源数量、质量又受其生长环境的影响，生境质量的优劣直接关乎植被资源数量的多少和质量的高低。一方面，微生物是相关物质能量的制造者和分解者，微生物的种类、数量能够反映植被微生物环境，为植被提供相应的基础物质和能量，进而了解植被生长状况；微生物生物量碳、氮指标对植被生长影响较大，能够改善土壤结构，保持和提高土壤肥力，进而为植被提供需要的营养元素，是植被健康生长的前提和基础。另一方面，植被所提供的环境不同，会使动物种群有很大差别。所以，通过观测研究动物种类、数量等种群信息，可以掌握植被提供的生境状况，进而探索植被资源和动物种群间的制约关系。

3. 林木数量质量特性子模块（Q7）

林木资源主要是指树木资源，特别是指乔木资源。林木资源是在现有社会经济技术条件下人类可以利用和可能利用的树木，在一定条件下具有自我更新、自我复制的机制和循环再生的特征，保障了林木资源的长期存在，能够实现林木效益的永续利用。

林木资源一级指标有 2 个，为林木资源数量和林木资源质量；二级指标有 4 个，包括林木数量、林木生长量、林木质量和生境质量等；三级指标有 13 个，具体内容见表 6-7。

表 6-7　林木数量质量特性子模块

一级指标	二级指标	三级指标	指标功能	计量单位	观测频率
林木资源数量	林木数量	森林群落的胸高断面积	计算蓄积量	m^2/hm^2	1 次/1a
	林木生长量	胸径年平均生长量	计算材积量	cm	1 次/1 月
		树高年平均生长量	计算林分蓄积生长量	m	1 次/1 月
		净初级生产力（NPP）	反映林木的生长状况	$t/（hm^2·a）$或 $g/（m^2·a）$	实时观测
		维根管植物根系结构与生长动态	反映林木保育土壤、涵养水源功能	—	1 次/1 月
林木资源质量	林木质量	郁闭度	反映林木茂密程度	—	1 次/1a
		森林群落主林层的叶面积指数	反映林木利用光能状况、冠层结构	—	1 次/1a
		林冠结构	反映林木利用光能状况、冠层结构	—	1 次/1a
		植物多样性指数	反映植物多样性	—	1 次/1a
		林木磷元素含量	反映林木营养积累量	%	1 次/1a
		林木钾元素含量	反映林木营养积累量	%	1 次/1a
		林木氮元素含量	反映林木营养积累量	%	1 次/1a
	生境质量	草本层群落物种组成	反映林木提供生境情况	—	1 次/1a

林木资源不仅能够为生产和生活提供多种宝贵的木材和原材料，而且能够为人类经济生活提供多种物品。为了准确掌握林木资源数量状况，通过观测森林群落的胸高断面积、胸径年平均生长量和树高年平均生长量等指标，计算得到林木资源蓄积量、材积量以及林分蓄积生长量，定量评价木材产量和经济价值。同时，结合多年观测数据，预测、确定合理林木采伐年限，实现林木资源循环、永续发展。另外，通过观测林木净初级生产力和维根管植物根系结构与生长动态等指标，可以反映林木的生长状况和对土壤、水分等营养物质的吸收能力，从而影响林木生长量，也可以作为辅助观测指标，评价林木资源数量情况。

林木资源质量直接影响林木经济价值和人们对林木的利用方式。所以，不仅要重视林木"量"的问题，更要关注"质"的问题。郁闭度指标不仅可以反映森林冠层的郁闭程度和树木利用空间的程度，而且能够指示林分密度（丹宇卓等，2019）；森林群落主林层的叶面积指数和林冠结构指标控制着林木的许多生物物理过程，如光合、呼吸、蒸腾、循环和降水截获等，同时也可以为冠层表面最初的能量交换描述提供结构化定量信息（陈艳华等，2007），从而反映林木资源生长状况；林木磷、钾、氮元素含量可以反映林木营养积累量，林木的生长过程需要大量的氮、磷、钾营养元素，通过对营养元素含量观测，探究林木氮、磷、钾营养元素积累量与树高、胸径的关系（贺勇等，2017），可以精准掌握林木对营养元素的需求量，采取有效施肥等方式，提高单位面积蓄积量、材积量和木材产量。另外，群落物种组成、多样性及群落结构可以表征群落的稳定性及生境差异（俞月凤等，2019），通过对植物多样性指数和草本层群落物种组成指标观测，定量或定性评价植物多样性、种群结构和林木提供生境等情况，进一步对林木资源质量状况进行全面评价。

4. 草数量质量特性子模块（Q8）

根据《自然资源调查监测体系构建总体方案》中相关内容，草是一种地表覆盖类型资源。草原是指饲用植物和食草动物为主的生物群落及其着生的土地构成的生物土地资源，参考《草原资源与生态监测技术规程》（NY/T 1233—2006），草资源是指草原上可供生产利用的，以多年生旱生草本植物为主的植被资源（全国科学技术名词审定委员会，2008），主要当作畜牧业生产资料，对人类具有生产、生态服务和环境等功能；也是动物饲养业赖以发展的物质基础，既能提供多种畜牧产品，同时也具有调节气候、涵养水源、防风固沙、保持水土、维持生物多样性等生态功能（鲁春霞等，2009），以及美化环境、净化空气、防治公害等重要作用。

草资源一级指标有 2 个，为草资源数量和草资源质量；二级指标有 5 个，包括牧草数量、牧草载畜量、草生产力、草感官质量和牧草质量；三级指标有 26 个，具体内容见表 6-8。

表 6-8　草数量质量特性子模块

一级指标	二级指标	三级指标	指标功能	计量单位	观测频率
草资源数量	牧草数量	牧草产量	反映牧草产量	$kg/(100m^2·a)$	1 次/1a
	牧草载畜量	载畜量	反映牧草载畜能力	$kg/(hm^2·a)$	1 次/1a
		载畜压力指数	反映牧草载畜能力	—	1 次/1a
		放牧面积	反映牧草载畜能力	hm^2	1 次/1a
		畜牧种类	反映牧草载畜情况	—	1 次/1a
		畜牧时间	反映牧草载畜情况	—	1 次/1a

续表

一级指标	二级指标	三级指标	指标功能	计量单位	观测频率
草资源数量	草生产力	草面温度	侧面反映草的生产力	℃	实时观测
		草面最高温度	侧面反映草的生产力	℃	实时观测
		草面最高温度出现时间	侧面反映草的生产力	—	实时观测
		草面最低温度	影响草的生产力	℃	实时观测
		草面最低温度出现时间	影响草的生产力	—	实时观测
		草层最低温度	影响草的生产力	℃	实时观测
		草层最低温度出现时间	影响草的生产力	—	实时观测
草资源质量	草感官质量	成熟度	评定草资源品质	—	1 次/1 季
		叶片含量	评定草资源品质	%	1 次/1 季
		色泽	评定草资源品质	—	1 次/1 季
		嗅觉	评定草资源品质	—	1 次/1 季
	牧草质量	粗蛋白质	反映草资源中营养含量	%	1 次/生长季
		粗脂肪	反映草资源中营养含量	%	1 次/生长季
		中性洗涤纤维（NDF）	计算相对饲用价值（RFV）	%	1 次/生长季
		酸性洗涤纤维（ADF）	计算相对饲用价值（RFV）	%	1 次/生长季
		酸性洗涤木质素（ADL）	反映草资源中营养含量	%	1 次/生长季
		粗纤维	反映草资源中营养含量	%	1 次/生长季
		无氮浸出物	反映草资源中营养含量	%	1 次/生长季
		粗灰分	反映草资源中无机成分含量	%	1 次/生长季
		牧草水分	标示牧草干物质的含量	%	1 次/生长季

牧草一般指供饲养的牲畜食用的草或其他草本植物，（可食）牧草产量为除毒草及不可食草以外，草地地上生物量的总和（含饲用灌木和饲用乔木之嫩枝叶），其数量及质量直接影响到畜牧业经济效益。生长季可食牧草的产量依据盛产期单产量结合其牧草再生率计算，参考《天然草地合理载畜量的计算》（NY/T 635—2015）；枯草期可食牧草产量的测定采用地面样地测定法，参考《草原资源与生态监测技术规程》（NY/T 1233—2006），并扣除不可食草。

牧草载畜量（合理载畜量）是一定的草地面积，在某一利用时段内，在适度放牧（或割草）利用并维持草地可持续生产的前提下满足家畜正常生长、繁殖、生产的需要，所能承载的最多家畜数量，又称理论载畜量；而实际承养的家畜数量称实际载畜量，参考《天然草地合理载畜量的计算》（NY/T 635—2015）。合理载畜量的计算，通常计算单位面积草地可利用的标准干草量（与草地类型、草地合理利用率及干草折算系数有关），结合放牧天数（畜牧时间）、放牧面积和畜牧时间等指标计算得出区域内、一定时间内的合理载畜量，参考《天然草地合理载畜量的计算》（NY/T 635—2015）（徐敏云等，2014；李洪泉等，2018）。

草生产力即反映生产草本植被资源产品的能力。牧草产量、质量受气候因素影响较大，其生长受草面温度控制，而草面温度变化取决于太阳辐射和近地层大气的热量交换（包秀红，2016）。因此草面温度观测（包括草面及不同草层最低、最高温度及其出现时间）可反映草的生产力，进而影响牧草产量、载畜量及畜牧产业评价等。

草资源质量主要是指牧草质量，其直接影响家畜的采食量，不同品质的牧草最终体现出的资源价值差别较大。牧草质量可通过实验室直接测试指标反映，包括粗蛋白质、粗脂肪、粗纤维、无氮浸出物、粗灰分和牧草水分等。由于粗纤维不能准确反映纤维素利用情况，利用洗涤剂作用增加了中性洗涤纤维（neutral detergent fiber，NDF）、酸性洗涤纤维（acid detergent fiber，ADF）和酸性洗涤木质素（acid detergent lignin，ADL）三级指标，计算相对饲用价值（relative feed value，RFV）等定量评价牧草质量的综合指标（朱伟然，2006）。也可通过感官指标定性评价牧草品质，包括成熟度（抽穗、开花及茎秆硬度，掌握刈割期）、叶片含量（叶量越多品质越好）、色泽（鲜艳绿色）及嗅觉（芳香或发霉）等（朱伟然，2006）。

5. 作物数量质量特性子模块（Q9）

作物指粮食作物、经济作物等，具有不同的生命周期，它与气候、土壤、水等自然环境要素密切相关，是人们生活的物质基础，也是国家粮食安全的重要保障。

作物资源一级指标有 2 个，为作物资源数量和作物资源质量；二级指标有 4 个，为作物播种收获量、作物数量、作物质量和作物污染物含量；三级指标有 13 个，具体内容见表 6-9。

表 6-9 作物数量质量特性子模块

一级指标	二级指标	三级指标	指标功能	计量单位	观测频率
作物资源数量	作物播种收获量	播种量	反映作物播种情况	—	1 次/1 季
		产量	反映作物收获情况	g/m²	1 次/1a
	作物数量	地上部总干重	反映作物生长总量	g/m²	1 次/1 季
		地下部总干重	反映作物生长总量	g/m²	1 次/1 季
作物资源质量	作物质量	分土层根密度	反映作物吸收营养能力	g/m²	1 次/1 季
		叶面积指数	反映作物利用光能状况	—	1 次/1 季
		籽粒品质	反映作物籽粒品质	—	1 次/1 季
		枝干重	反映作物生长状况	g/m²	1 次/1 季
		叶干重	评定作物品质	g/m²	1 次/1 季
		花果干重	评定作物品质	g/m²	1 次/1 季
		皮干重	评定作物品质	g/m²	1 次/1 季
	作物污染物含量	微量金属元素（Pb、Cd、Hg、As、Cr、Se）	反映作物受污染影响情况	mg/kg	1 次/1 季
		苯并（α）芘	反映作物受污染影响情况	mg/kg	1 次/1 季

作物资源数量是国家粮食安全的基石，通过观测播种量和产量指标，可以计算作物播种收获量，定量评价播种量与产量间的关系，研究探索投入多少播种量才能获得作物高产，从而找出适宜的播种量临界值。通过研究作物地上部总干重和地下部总干重，计算得到作物生长总量，进而补充评价作物资源数量基本状况。

作物资源质量主要反映作物健康生长情况以及对数量的影响，以及与作物质量紧密相关的自然因素，如水分、气候、土壤等。反映作物资源质量的主要指标有分土层根密度、叶面积指数、籽粒品质。分土层根密度主要影响作物对土壤水分和营养物质的吸收情况，反映作物吸收营养能力；叶面积指数其大小直接与作物最终产量高低密切相关，是反映作物生长状况和利用光能状况的重要指标；籽粒品质是衡量作物质量好坏的重要依据，是决定其经济价值的关键性指标，也能从侧面反映作物生长环境状况（王琦，2017）。另外，影响作物质量指标还有枝干重、叶干重、花果干重、皮干重，主要评定作物生长情况和品质。

6. 冰川数量质量子模块（Q10）

在高纬度或高海拔地区，年平均温度在 0℃ 以下，大气降水多为固体状态，形成一定厚度的积雪，经过压实、融冻成为冰川冰。以冰川冰和永久性雪等形式储存的固体水资源称为冰川资源。冰川是冰冻圈的重要组成部分，其变化和分布直接影响水资源的分布和变化，同时也是气候资源变化的重要驱动因素之一，还是气候资源变化的记录器和预警器（Oerlemans，1994；UNEP，2008）。在全球气候变暖背景下对冰川的观测有利于人类加深对气候、生态环境变化的认识，同时有利于及时掌握水资源等自然资源的平衡态势。

冰川资源一级指标有 2 个，为冰川资源数量和冰川资源质量；二级观测指标有 6 个，包括冰川冰储量、永久性积雪量、冰川水理化性质、冰川及永久性积雪质量、冰川变化和冰川生境质量；三级指标有 26 个，具体内容见表 6-10。

表 6-10　冰川数量质量子模块

一级指标	二级指标	三级指标	指标功能	计量单位	观测频率
冰川资源数量	冰川冰储量	冰川长度	计算冰川冰储量	km	1 次/1a
		冰川宽度	计算冰川冰储量	km	1 次/1a
		冰川密度	计算冰川冰储量	g/cm³	1 次/1a
		冰川面积	计算冰川冰储量	km²	1 次/1a
		冰川厚度	计算冰川冰储量	m	1 次/1a
	永久性积雪量	积雪面积	估算积雪体积	km²	1 次/1a
		各雪层深度	估算积雪体积	m	1 次/1a
		雪水当量	估算积雪水储量（完全融化）	—	1 次/1a

续表

一级指标	二级指标	三级指标	指标功能	计量单位	观测频率
冰川资源质量	冰川水理化性质	详见水体理化生性质子模块	反映水质	—	1 次/1a
	冰川及永久性积雪质量	20m 左右浅层冰温度	侧面反映浅层冰结晶状态	℃	1 次/1h
		透底冰层温度	反映深层冰特性	℃	1 次/1h
		雪层温度	反映积雪特性	℃	1 次/1h
		各雪层硬度	反映积雪特性	—	1 次/1 季
		各雪层粒径	反映积雪雪层结构	mm	1 次/1a
		积雪雪压	反映积雪特性	g/cm^2	1 次/1a
		各雪层雪密度	反映各雪层雪的致密程度、计算雪压	g/cm^3	1 次/1 季
		各雪层液态含水率	反映积雪层内物质和能量的迁移交换	%	1 次/1a
		微粒物含量	反映冰川，积雪受污染程度	%	1 次/1a
	冰川变化	冰川表面运动速度	反映冰川运动变化	m/a	2 次/1a
		冰内运动速度	反映冰川运动变化	m/a	2 次/1a
		冰川冰的变形	反映冰川形变	—	2 次/1a
		冰川隧道变形	反映冰川形变	—	2 次/1a
	冰川生境质量	冰芯中微生物种类	反映冰芯沉积年代气候环境变化情况	—	1 次/2a
		冰芯中微生物数量	反映冰芯沉积年代气候环境变化情况	cells/mL	1 次/2a
		冰川雪中微生物种类	反映冰川微生物环境	—	1 次/2a
		冰川雪中微生物数量	反映冰川微生物环境	cells/mL	1 次/2a

冰川资源数量主要包括冰川冰储量和永久性积雪量，其中冰川冰储量既是建立冰川水文模型、冰川动力模型及冰川灾害模型的重要输入参数（秦大河等，2014），又是评估冰川变化对河川径流影响及制定积极防灾减灾措施的重要指标（张九天等，2012）。可以通过构建与这些因素有关的冰川模型估算冰储量。关于冰川冰储量的估算，国内外基于统计模型，并总结经验公式，目前已经取得一定成果。通过获得冰川体积、冰川面积、一级体积转换系数和面积转换系数可以进行初步估算，然而，这种方法中体积转化系数的确定和地域差异性有很大关系。

关于冰川冰储量（V）可通过观测冰川长度（L）、冰川宽度（B）、冰川密度（ρ）、冰川面积（A）和冰川厚度（D）指标计算获得。

作为冰川资源数量的另外一个重要方面——永久性积雪量，是冰川资源数量计算的重要一项，可通过观测积雪面积、各雪层深度、雪水当量等指标进行换算表示。

冰川运动速度是冰川变化的重要方面，研究冰川运动以便掌握冰川的运动规律，为人类如何利用这些冰川（淡水库）、研究冰川的变化和分析驱动大气环流的动力机制、探索冰川演变历史及冰川的综合科学考察研究提供科学依据（徐绍铨等，1988）。在冰川变化指标划分中的冰川运动速度又可以进一步划分为冰川表面运动速度和冰内运动速度两项指标，辅以冰川冰的变形、冰川隧道变形等其他指标进行综合表征。

冰川运动的观测方法有很多，如实地测量法，由经纬仪到 GPS 在我国冰川运动速度研究中广泛应用（井哲帆等，2002；焦克勤等，2009）。光学遥感数据通过使用一定大小的格网对图像进行分割，分割出子图像到另一幅图像中做相关分析，获取最大相关点，解算冰川运动状况。

冰川是较为独特的生态环境，由于其低温、寡营养，为生命大分子物质的保存提供了较为理想的环境。而这种极端环境中的微生物有其特殊性（张淑红等，2014），冰川微生物可以形成冰结合蛋白和低温酶类等相关产物，另外，冰川微生物中耐辐射菌、未培养微生物等生物资源具有尚未挖掘的利用潜力。因此，开展冰川生物质量环境观测非常重要，在冰川生境质量观测二级指标下，进一步划分为冰芯中微生物种类、冰芯中微生物数量、冰川雪中微生物种类、冰川雪中微生物数量四个三级指标，定性或定量评价冰川微生物环境状况，反映冰芯沉积年代气候环境变化情况。重点在介绍观测冰川运动、生境的重要性，而对于具体指标的选取没有提出选取依据。

7. 海水数量质量子模块（Q11）

海水资源主要指的是海水淡化资源、海水直接利用资源与海水化学资源，以及在现有社会经济条件下，人类可以利用与可能利用的海水与海水中的物质（王占坤，2003）。海水面积占到地球表面积的 71%，地球上的水资源拥有量约为 135 亿 km^3，其中 96.5% 是海水资源，由此可见海水资源总量巨大，开发潜力巨大（王崇嶽，2000）。

海水资源一级指标有 2 个，主要是海水资源数量和海水资源质量；二级指标有 5 个，包括海水资源量、河流入海量、海水理化性质、近海浅水海洋生物和生境质量；三级指标有 42 个，具体内容见表 6-11。

海水资源能够为人类社会的生产与发展提供大量且多种类的水资源与工业原材料。为了掌握海水资源数量状况，通过获取近海海域面积、海水深度、河流横截面积、水位和河流流速指标，可以计算得到海水资源量、河流入海量，定量评价海水资源数量状况和其经济价值。同时结合长期观测数据，预测海水动力、理化性质的变化趋势，实现对海水资源高效、合理、可持续的开发利用。

另外，通过对河流径流量指标观测，掌握入海河流的水文、水量变化情况。海水资源质量直接影响海水经济价值和人们对海水的利用方式。因此，不仅要关注海水"量"的问题，也要关注海水"质"的问题。

海水因为热辐射、蒸发、降水、冷缩等形成密度不同的水团，加上风应力、地转偏向力、引潮力作用形成大规模且相对稳定的流动，称之为海流。选取海流流速与海流流向指标，可反映近岸海水的运动状况；选取海浪波高、周期、波向和波形指标，掌握海浪基本要素信息，指导海洋波浪能资源的开发（孙璐等，2014）。

选取海况指标可以反映由风浪和涌浪引起的海面外貌特征，对海洋渔业生产与海洋运输有指导作用；潮汐能具有洁净、无污染且可再生的突出特点，选取平均潮高、高-低潮

表 6-11　海水数量质量子模块

一级指标	二级指标	三级指标	指标功能	计量单位	观测频率
海水资源数量	海水资源量	近海海域面积	反映近海海水资源状况	km²	1 次/1a
		测点平均海水深度（海岸带）	反映近海海水资源状况	m	1 次/1a
	河流入海量	河流横截面积	估算河流径流量	L/s	1 次/1a
		水位	估算河流径流量	m	1 次/1 月
		河流流速	估算河流径流量	m/s	1 次/1 月
海水资源质量	海水理化性质	详见水体理化生性质子模块	反映海水水质	—	1 次/1a
		海流流速	反映海水流动性	m/s	1 次/1 月
		海流流向	反映海水流动规律	m/s	1 次/1a
		海浪波高	计算波长、波速、波高、波级	m	10 次/1d
		海浪周期	计算波长、波速、波高、波级	s	10 次/1d
		海浪波向	计算波长、波速、波高、波级	°	10 次/1d
		海浪波形	计算波长、波速、波高、波级	—	10 次/1d
		海况	反映海面征状	—	1 次/1h
		平均潮高	反映海面升降	cm	1 次/1h
		高潮潮高	反映海面升降	cm	1 次/1h
		低潮潮高	反映海面升降	cm	1 次/1h
		高潮潮时	反映潮水涨落时间	min	1 次/1h
		低潮潮时	反映潮水涨落时间	min	1 次/1h
		海水声速	反映海水介质特性	m/s	1 次/1h
		照度	反映海水光通量	lx	1 次/1h
		海面入射辐照度	反映海水表观光学性质	nm	10 个/s
		水下向上辐照度	反映海水表观光学性质	nm	10 个/s
		水下向下辐照度	反映海水表观光学性质	nm	10 个/s
		水下向上辐亮度	反映海水表观光学性质	nm	10 个/s
		光束衰减系数	反映海水浑浊程度	m	10 个/s
	近海浅水海洋生物	浮游植物现存种类	反映海水水质及生长植物特征、生长状况	—	1 次/2a
		浮游植物现存数量	反映海水水质及生长植物特征、生长状况	—	1 次/2a
		浮游植物初级生产力	反映海水水质及生长植物特征、生长状况	—	1 次/2a
		大型水生植物现存种类（种子、蕨类、苔藓）	反映海水水质及生长植物特征、生长状况	—	1 次/2a
		大型水生植物现存数量（种子、蕨类、苔藓）	反映海水水质及生长植物特征、生长状况	—	1 次/2a
		大型水生植物初级生产力	反映海水水质及生长植物特征、生长状况	—	1 次/2a
		浮游动物现存种类	反映海水水质及生长植物特征、生长状况	—	1 次/2a
		浮游动物现存数量	反映海水水质及生长植物特征、生长状况	—	1 次/2a
		浮游动物初级生产力	反映海水水质及生长植物特征、生长状况	—	1 次/2a

一级指标	二级指标	三级指标	指标功能	计量单位	观测频率
海水资源质量	近海浅水海洋生物	底栖类动物现存种类(水生寡毛类、软体类、水生昆虫幼虫)	反映海水水质及生长植物特征、生长状况	—	1次/2a
		底栖类动物现存数量(水生寡毛类、软体类、水生昆虫幼虫)	反映海水水质及生长植物特征、生长状况	—	1次/2a
		鱼类种类	反映海水水质及生长植物特征、生长状况	—	1次/2a
		鱼类数量	反映海水水质及生长植物特征、生长状况	—	1次/2a
		鱼类食性	反映海水水质及生长植物特征、生长状况	—	1次/2a
	生境质量	海发光	反映海洋生境情况	—	1次/1月
		噪声频带声压级	反映海洋生境情况	dB	1次/1h
		噪声声压谱级	反映海洋生境情况	dB	1次/1h

潮高和高-低潮潮时指标可以反映近海潮汐涨落的空间与时间规律,指导海洋潮汐能、潮流能资源的开发(石洪源和郭佩芳,2012);选取海水声速指标,可反映海水介质特性与海水中温度盐度的分布状况(张宝华和赵梅,2013);选取照度、海面入射辐照度、水下向上辐照度、水下向下辐照度、水下向上辐亮度和光束衰减系数指标可反映海水的光学性质与浑浊程度,这是影响海水温度变化的重要原因,对海洋生物的分布、生长也有重大影响。在海洋生物方面,浮游植物是海洋生态系统最重要的初级生产者,对海洋碳循环起着至关重要的作用,是显示海水酸化、海洋气候变化的指示器(孙军和薛冰,2016)。选取浮游植物现存种类、现存数量和初级生产力指标可以反映海水中浮游植物的生物量与多样性。海洋植物同样是海洋生态系统中的初级生产力,其以藻类为主,给鱼虾蟹贝类提供丰富的食物与适宜的生存环境,同时作为食品与药品(如大型海藻)同样具有极大的社会经济价值(安鑫龙等,2010)。选取浮游动物现存种类、现存数量和初级生产力指标可以反映海水中浮游动物的生物量与多样性;浮游动物完全没有或游泳能力微弱,可作为鱼类或其他经济动物的饵料,亦可作为气候变化与海水污染的指示物(刘镇盛等,2013);选取底栖类动物现存种类和现存数量指标,可反映海洋底栖类动物的生物量与多样性,海洋底栖动物种类繁多,部分具有极大的经济价值,同样可作为典型的环境污染的指示物(蔡立哲等,2002);选取鱼类种类、数量和食性指标可反映鱼类的生物量与多样性,作为海洋重要的经济物种,其食性广、活动能力强,可直观地反映海洋的鱼类资源丰富程度。

在海水生境方面,海发光指海面由于发光生物引起的发光现象,其光源可以是发光的浮游生物、海洋动物与发光细菌(彭金凤,2006)。噪声频带声压级与噪声声压谱级指标反映海洋背景噪声的基本信息;人类对于海洋的开发,如运输、声呐所产生的高频海洋噪声,对海洋哺乳动物与鱼类造成巨大威胁(邢露如等,2014);通过对海发光、噪声频带声压级和噪声声压谱级指标观测,定量评价海洋生物的生存环境质量状况,在近海海产养殖与捕捞、海洋环境监测与保护等方面也有着重要意义。

6.2.3 地下资源数量质量模块

1. 土地数量质量共性子模块（Q12）

土地是农业、林业和牧业最基本的生产资料，也是人们生产和生活的基本场所。联合国粮农组织对土地有明确的定义：土地是指地球陆地表面和近地面层包括气候、土壤、水文、植被以及过去和现在人类活动影响在内的自然历史综合体。土地资源是指在一定技术经济条件下可以被人类利用的土地，包括可以利用而尚未利用的土地和已经开垦利用的土地。土地资源数量、质量的多少和好坏直接影响到农业、林业、牧业的生产效益和人们生活的质量。

该模块共有观测指标 33 个，主要包括土地资源数量和土地资源质量 2 个一级指标，土地数量、土壤物理性质等 7 个二级指标和土地类型、土壤容重、微生物群落数量等 24 个三级指标，具体内容见表 6-12。

表 6-12 土地数量质量共性子模块

一级指标	二级指标	三级指标	指标功能	计量单位	观测频率
土地资源数量	土地类别	土地类型	反映土地类型特性	—	1 次/5a（夏季）
	土地数量	土地面积	反映土地资源量、计算涵养水源量	km^2	1 次/5a（夏季）
		土壤分层厚度	反映土地资源量、计算涵养水源量	cm	1 次/5a
土地资源质量	土地特征	地面坡度	反映地表单元陡缓程度	°	1 次/5a
		地面坡向	反映地表单元朝向及日照情况	—	1 次/5a
	土壤物理性质	土壤结构	反映土壤颗粒排列组合特征	—	1 次/10a
		土壤质地	反映土壤颗粒的组合特征	—	1 次/10a
		土壤容重（表层、深层）	反映土壤导水性、保水性、透气性、计算潜水含水层给水度、计算土壤重量热容量	g/cm^3	表层：1 次/5a，深层：1 次/10a
		土壤比重	初步判断土壤矿物组成、母质特性、计算潜水含水层给水度	—	1 次/5a
		土壤含水率	反映土壤水分涵养能力、计算土壤蓄水量	%	1 次/5～30d
		浅层地温	反映土壤表层环境	℃	1 次/5～30d
		土壤导温率	反映土壤热特性	m^2/s	1 次/5a
		土壤导热率	反映土壤热特性	J/（cm·s·℃）	1 次/5a
		土壤容积热容量	反映土壤热特性	kJ/（m^3·℃）	1 次/5a
	土壤化学性质	详见土体化学性质子模块	反映土质	—	1 次/2a

续表

一级指标	二级指标	三级指标	指标功能	计量单位	观测频率
土地资源质量	土壤生物性质	微生物群落类别（细菌、放线菌、真菌）	反映土壤环境、改善土壤养分状况	—	1～2 次/5a
		微生物群落数量	反映土壤环境、改善土壤养分状况	—	1～2 次/5a
		微生物群落比率	反映土壤环境、改善土壤养分状况	—	1～2 次/5a
		微生物生物量碳	反映土壤肥力变化、土壤耕作制度、土壤受污染程度	—	2 次/5a
		微生物生物量氮	反映土壤肥力变化、土壤耕作制度、土壤受污染程度	—	2 次/5a
		微生物生物量磷	反映土壤肥力变化、土壤耕作制度、土壤受污染程度	—	2 次/5a
	生境质量	土壤动物种类	反映土壤提供生境情况	—	1～2 次/5a
		土壤动物数量	反映土壤提供生境情况	—	1～2 次/5a
		土壤动物活动状态	反映土壤提供生境情况	—	1～2 次/5a

　　土地资源数量包括土地类别和土地数量两个二级指标。土地类别依据其土地利用类型可分为耕地、生产性林园用地、牧草地和其他农用地。耕地包括了灌溉水田、水浇地、旱地、菜地、坡耕地和基本农田等；生产性林园包括了草木园地、果园、用材林地、苗圃和可开垦的生产性林园地等；牧草地包括了天然草地、改良草地、人工草地和疏林、灌木草地等；其他农用地包括了禽畜饲养地、滩涂养殖用地和田埂田坎等（岳健和张雪梅，2003）。土地数量由土地面积和土壤分层厚度两个三级指标来表征。其中，土地面积和土壤分层厚度这两个指标可反映土地资源量，并可计算涵养水源量。

　　土地资源质量可由土地特征、土壤物理性质、土壤化学性质、土壤生物性质和生境质量来综合表征（熊毅等，1987）。土地特征指标包括地面坡度和地面坡向。地面坡度对土地特性及其利用的影响主要表现在水土流失、农田水利化和机械化，以及城镇建设与交通运输的布局上。坡度的陡缓直接影响侵蚀作用的强弱和水土流失状况，地表起伏越大，坡度越陡，土壤侵蚀作用越强，水土流失量在一定条件下增多。同时，随地面坡度的不同，水土流失状况也会影响作物产量。因此，在划分各种农业用地时，常以地面坡度作为重要的参考依据（谭术魁和陈莹，2011）。地面坡向指坡面法线在水平面上的投影的方向。由于光照、温度、雨量、风速、土壤质地等因子的综合作用，坡向能够对植物发生重要的间接影响，从而引起植物和环境的生态关系发生变化。

　　土壤物理性质是土壤质量最基础的属性，观测指标包括土壤结构、土壤质地、土壤容重、土壤比重、土壤含水率、浅层地温、土壤导温率、土壤导热率、土壤容积热容量。土壤容重、土壤质地和土壤比重等指标可以反映土壤的结构、透气透水性能以及保水能力（Arshad and Goen，1992）。土壤含水率指标反映土壤中的水分情况，李静鹏等（2014）在广东东源康禾省级自然保护区研究样地通过对土壤自然含水量的变化研究，分析了在植被恢复过程中土壤保持水分的能力。土壤总孔隙度反映土壤通气、通水和保水，以及贮存土壤有机物的能力，而毛管孔隙度反映土壤通气性和保持水分的能力。土壤温度影响着植物的生长、发育和土壤的形成，在观测时可根据实际情况观测不同深度下的土壤温度，如地下 5cm、10cm 和 15cm 及以下的土壤温度（Crawford et al.，2019）。

土壤生物性质可以敏感地反映土壤质量变化，是土壤质量评价不可或缺的重要的指标（Doran and Parkin，1994；孙波等，1997），应用最多的是土壤微生物指标，被认为是土壤质量变化最敏感的指标，在土壤形成和肥力发展过程中，土壤微生物起着重要作用（徐建明等，2010）。土壤微生物可直接参与土壤中的物质转化，植物所需要的无机养分的供应，使土壤中的有机质矿化，释放养分来不断补充。微生物生命活动中产生的生长激素和维生素类物质，也可直接影响植物生长（沈宏等，1999；许明祥等，2005；刘梦云等，2005；王华等，2009）。其中观测的指标包括微生物群落类别（细菌、放线菌、真菌）、微生物群落数量、微生物生物量碳、微生物量氮和微生物生物量磷。土壤微生物群落和多样性主要包括真菌、细菌和藻类等，具有景观变异性，其种群数量随着土壤深度的增加而降低，而多样性代表着微生物群落的稳定性，是反映土壤变化和对胁迫的反应等的重要指标。土壤微生物生物量一般能代表参与调控土壤能量、养分循环以及有机物质转化的对应微生物的数量，与土壤有机质含量密切相关，是一种更具敏感性的土壤质量指标（刘占锋等，2006）。主要包括微生物量碳、氮和磷。土壤微生物量碳（microbial biomass carbon，MBC）能在很大程度上反映土壤微生物数量和活性，且转化迅速，能在检测到土壤总有机碳变化之前就指示出土壤有机质的变化，是综合反映土壤肥力和环境质量状况的灵敏性指标之一（宇万太等，2008；裴小龙等，2020）。土壤微生物量氮（microbial biomass nierogen，MBN）对环境条件十分敏感，施肥、耕作以及土地利用类型等都对其数量产生影响，已有研究表明土壤中的 MBN 是土壤有机氮组分中是最活跃的部分，也是土壤中有机—无机态氮转化关键的环节之一（查春梅，2008；陈吉等，2010）。MBN 含量是土壤微生物对氮素矿化与固持作用的综合反映。土壤动物是土壤环境质量和健康质量的重要指示特征，特别是无脊椎动物如线虫、蚯蚓等能够敏感地反映土壤中有毒物质含量。

2. 耕地数量质量特性子模块（Q13）

耕地资源是农业生产最基本的物质条件，是由自然土壤发育而成的，能够形成耕地的土地需要，具备可供农作物生长、发育、成熟的自然环境。耕地资源作为农业最主要的生产资料和农民最直接的劳动对象，是构成粮食综合生产能力的最基本要素之一，也是实现中国粮食安全的基础和保证。它在数量和质量上的变化将影响到粮食生产的波动，从而影响到粮食有效供给及粮食安全水平。

该模块主要包括耕地资源数量和耕地资源质量 2 个一级指标，耕地类别、土壤物理性质等 6 个二级指标和年耕地播种总面积、团粒结构等 17 个三级指标，具体内容见表 6-13。

表 6-13 耕地数量质量特性子模块

一级指标	二级指标	三级指标	指标功能	计量单位	观测频率
耕地资源数量	耕地类别	轮作体系	反映耕地使用机制	—	1 次/1a
	耕地数量	年耕地播种总面积	计算耕地复种指数	km²	1 次/作物季：收获期
耕地资源质量	土壤物理性质	田间持水量	计算土壤有效水、反映土壤水分涵养能力	%	1 次/5a
		最大吸湿水量	计算吸湿系数、凋萎系数等	%	1 次/5a
		饱和导水率	计算土壤剖面中水的通量	cm/s	1 次/5a
		非饱和导水率	反映土壤水分动态特征	cm/s	1 次/5a
		总孔隙度	反映土壤导水性、保水性、透气性、计算潜水含水层给水度	%	1 次/5a
		通气孔隙度	反映土壤透气性	%	1 次/5a
		毛管孔隙度	计算涵养水源量	%	1 次/5a
	土壤化学性质	详见土体化学性质子模块	反映耕地土质	—	2 次/3a
	土壤生物性质	土壤酶活性（水解酶类、氧化还原酶类）	判断土壤生物化学过程强度、鉴别土壤类型、评价土壤肥力水平	—	1 次/5a
		耕作层根生物量	反映土壤肥力变化、土壤耕作制度、土壤受污染程度	—	2 次/作物季：根量最大期、收获期
	土壤团聚体稳定性	团粒结构	评价土壤结构、物理形状	—	1 次/5a
		团聚体分形维数	评价土壤结构、物理形状	—	1 次/5a
		团聚体平均重量直径（MWD）	评价土壤结构、物理形状	mm	1 次/5a
		微团聚体成分含量（直径<0.25mm）	计算分散系数，反映土壤结构水稳性	%	1 次/5a
		大团聚体成分含量（直径>0.25mm）	评价土壤结构、物理形状	%	1 次/5a

中国是一个人口大国，粮食生产资源较稀缺，而粮食自给的基础是耕地资源的数量与质量。为了准确把握耕地资源数量状况，可以通过观测轮作体系和年耕地播种总面积的指标来实现。轮作体系指标可以反映耕地使用机制，年耕地播种总面积可以计算耕地复种指数，在实际观测中，我们可以每年通过野外调查和遥感解译综合的方法来确定耕地资源的数量。

耕地资源质量是耕地资源最本质的体现，根据其功能可理解成是土壤肥力质量、土壤环境质量和土壤健康质量三个方面的综合表征（Doran and Parkin，1994；赵其国等，1997）。很多研究者也一致认为土壤肥力质量应该从土壤物理性质、土壤化学性质和土壤生物性质三个方面进行综合评价（刘梦云等，2005；许明祥等，2005；王华等，2009）。而土壤团聚体是土壤结构的基本单元，土壤结构是指被有机质和其他化学沉淀物黏结在一起的团聚体，它的大小和形状几乎可以影响土壤所有的物理、化学和生物性质。土壤团聚体的稳定性与土壤养分流失的发生密切相关，团聚体的稳定性可以用来描述当土壤处于不同压力下保持其固相和气液相比例的能力。由于土壤团聚体可以反映土壤生物性质、化学性质和物理性质间的相互关系，所以土壤团聚体是一个很重要的质量指标。Arshad 和 Goen（1992）与刘占峰（2006）指出作物和土壤管理措施对土壤物理质量的影响可以用土壤团聚体的大小分布和稳定性来描述。许明祥等（2005）在典型的黄土丘陵沟壑区选取并测定了样品的 32 项土壤物理、化学和生物指标，其中就包括水稳性团聚体和微团聚体指标，研究发现他选用的指标能很好地反映土壤质量情况。因此我们选用土壤物理性质、土壤化学性质、土壤生物性质和土壤团聚体稳定性四个指标来具体表征耕地土壤质量的高低。土壤物理性质主要通过田间持水量、最大吸湿水量、饱和导水率、非饱和导水率、总孔隙度、通气孔隙度和毛管孔隙度 7 个指标来表征；土壤化学性质主要通过表层土壤碱解氮、表层土壤速效磷、表层土壤速效钾、表层土壤缓效钾、表层土壤可溶性有机碳（dissolved organic carbon，DOC）、表层土壤阳离子交换量、表层土壤交换性钙、表层土壤交换性镁、表层土壤交换性钾、表层土壤交换性钠、表层土壤交换性氢和表层土壤交换性铝12 个指标来表征；土壤生物性质主要通过土壤酶活性（水解酶类、氧化还原酶类）和耕作层根生物量 2 个指标来表征；土壤团聚体稳定性主要通过团粒结构、团聚体分形维数、团聚体平均重量直径（mean weight diameter，MWD）、微团聚体成分含量（直径<0.25mm）和大团聚体成分含量（直径>0.25mm）5 个指标来表征。

3. 冻土数量质量子模块（Q14）

冻土资源是指零摄氏度以下，并含有冰的各种岩石和土壤。可分为短时冻土（数小时/数日至半月）、季节冻土（半月至数月）和多年冻土（又称永久冻土，指的是持续两年或两年以上的冻结不融的土层）。多年冻土退化和地下冰融化，一方面将导致多年冻土区的地面变形，影响区域工程地质的稳定性；另一方面将导致多年冻土区水文地质条件发生改变，影响区域水循环过程与生态环境（杨健平，2013）。

冻土资源一级指标有 2 个，主要为冻土资源数量和冻土资源质量；二级指标有 6 个，包括冻土资源量、冻土物理性质、冻土化学性质、冻土生物性质、冻土强度特性和冻土冻胀特性。三级指标有 31 个，具体内容见表 6-14。

表 6-14 冻土数量质量子模块

一级指标	二级指标	三级指标	指标功能	计量单位	观测频率
冻土资源数量	冻土资源量	冻土面积	计算地下冰储量	m^2	1 次/5a
		冻土厚度	计算地下冰储量、计算冻胀性分级	m	1 次/1 季
		冻土上限深度	推测冻土分布范围	m	1 次/1 周
		冻土下限深度	推测冻土分布范围	m	1 次/1 周

续表

一级指标	二级指标	三级指标	指标功能	计量单位	观测频率
冻土资源质量	冻土物理性质	活动层温度	反映活动层变化	℃	1 次/1 周
		活动层湿度	反映活动层变化	%	1 次/1 周
		冻土成分含量（黏粒、粉粒、砂粒）	反映土壤颗粒的组合特征	—	1 次/2a
		冻土容重	反映土壤特性、计算土壤重量热容量	g/cm³	1 次/1 季
		冻土比重	初步判断土壤矿物组成、母质特性	—	1 次/1 季
		冻土墒情（绝对含水量）	反映地下冰储量	%	1 次/1 季
		未冻水含量	评价冻土中水分迁移	%	1 次/1 季
		液限含水率	计算冻土的液性指数、确定土的状态、便于划分土的工程类别	%	1 次/1 季
		塑限含水率	计算冻土的塑性指数、确定土的状态、便于划分土的工程类别	%	1 次/1 季
		融沉含水率	计算融化下沉性等级	—	1 次/1 季
		孔隙比	计算融化下沉性等级	—	1 次/1 季
		冻土地温	反映冻土温度	℃	1 次/1 季
		起始冻结温度	判断土处于冻结状态与否	℃	1 次/1 季
		土壤导温率	反映土壤热特性	m²/s	1 次/1 季
		土壤导热率（冻结状态、融化状态）	反映土壤热特性	J/（cm·s）℃	1 次/1 季
		土壤容积热容量	反映土壤热特性	kJ/（m³·℃）	1 次/1 季
	冻土化学性质	详见土体化学性质子模块	反映冻土土质	—	1 次/2a
		易溶盐含量	针对盐渍化多年冻土	%	1 次/1 季
		有机质总量	针对泥炭化多年冻土	%	1 次/1 月
	冻土生物性质	微生物种类（细菌、放线菌、真菌）	反映土壤环境	—	1 次/5a
		微生物数量	反映土壤环境	—	1 次/5a
	冻土强度特性	抗拉强度	计算冻土强度	kPa	1 次/5a
		抗剪强度	计算冻土强度	kPa	1 次/5a
		抗压强度	计算冻土强度	kPa	1 次/5a
	冻土冻胀特性	冻胀率	反映冻土冻胀作用状况	—	1 次/季
		地表冻胀量	计算冻胀性分级、反映地基稳定性	mm	1 次/季
		冻结层厚度	计算冻胀性分级、反映地基稳定性	mm	1 次/季

多年冻土层中地下冰是区域地下水储量的一部分。多年冻土与地下水的关系表现如下：一方面，多年冻土的存在阻碍了地下水与地表水的水力联系，进而影响地下水的循环，甚至可以改变水的物理化学性质；另一方面，所有的多年冻土（岩）层均不同程度地含有地下冰。多年冻土层在形成和发展时期，土（岩）体中水分不断冻结集聚成冰，对水资源而言是"汇"；多年冻土层在稳定时期减少参与局部水循环的水量，起到存储水资源的功能，这时多年冻土层中的地下冰是静储量。在冻土退化时期，多年冻土层中冰逐渐融化成水，其中部分可从土中释出补充地下水，增加了地下水的径流量，此时地下冰由静储量部分转化为动储量，在这种情况下地下冰起到"源"的作用（赵林等，2010）。因此，对冻土的观测，应当强调地下冰储量的计算。

多年冻土上限变化对寒区陆面过程、冻土区域水文地质条件、寒区生态、工程地基等产生重大影响。因此，准确确定多年冻土上限，在全球变化研究和模拟、水资源评估与利用、多年冻土的生态保护与治理等方面都具有重要作用（王银学等，2011）；由于冻土区地下水资源的赋存条件与多年冻土的分布情况有紧密关系，找水打井的成本直接与冻结层下水位置有关，查明所在区多年冻土空间分布和下限深度至关重要（南卓铜等，2013）。

冻土容重、冻土比重能反映土体物理基本性质，可以通过冻土密度试验获得。液限含水率和塑限含水率能反映冻土资源工程的经济特性，冻土墒情（绝对含水量）可以通过土工试验获取总含水率获取。未冻水含量在一定负温条件下，可以通过冻土中未冻水质量与干土质量之比求出。

起始冻结温度、土壤导温率、土壤导热率（冻结状态、融化状态）、土壤容积热容量是冻土几个重要的物理学观测指标，对冻土冻结和融化的热力学模拟预测至关重要。土壤的冻结与融化过程实质上就是土壤水分的相变过程，当土壤中的热量通过对流、传导等方式被放出并使其温度降低到土壤的起始冻结温度时，其中的水分便开始冻结（牛兆君等，2009），因此，在观测中加入冻土的起始冻结问题对于了解冻土的形成和保持具有重要的意义。土壤导热率是土壤的基本物理参数之一，也是陆面模式的重要输入量，对研究土壤热传输、水热耦合运移有重要意义（何玉洁等，2017）。

4. 海滩数量质量子模块（Q15）

海滩资源主要指的是由海水搬运聚积的沉积物在海陆交界处堆积形成的岸，尤其是指沙滩资源。海滩一般因潮汐作用在沿海大潮高潮位时淹没，而低潮位时露出海面，因为同时受到陆地与海洋的改造作用，海滩资源种类丰富、储量巨大。在现有社会经济技术条件下，科学、高效地开发海滩资源，要求我们在保障社会经济发展需要的同时，保护海滩资源稳定健康可持续发展。

海滩资源一级指标有 2 个，主要为海滩资源数量和海滩资源质量；二级指标有 6 个，包括海滩类型、海滩数量、海滩特征、土壤理化性质、沉积物性质和生境质量；三级指标有 18 个，具体内容见表 6-15。

表 6-15 海滩数量质量子模块

一级指标	二级指标	三级指标	指标功能	计量单位	观测频率
海滩资源数量	海滩类别	海滩类型	反映海滩类型特征	—	1 次/5a
	海滩数量	海滩面积	反映海滩资源量	m	1 次/2a
海滩资源质量	海滩特征	潮间带坡度	反映潮间带地形陡缓情况	°	1 次/5a
		海滩蚀积（结构）	反映海滩稳定性和蚀积情况	—	1 次/5a
		岸线变迁特征（方向，距离）	反映海平面升降	—	2 次/5a
		前滨宽度	反映潮间带距离，受较强水动力影响范围	m	1 次/2a
		海滩长度	反映海滩总长度	km	1 次/2a
		干滩厚度	反映海滩规模	m	1 次/2a
		海滩平面形态	反映海滩分布情况	—	1 次/5a
	土壤理化性质	详见土体化学性质子模块	反映海滩土质	—	1 次/2a
	沉积物性质	表层沉积物粒度	反映沉积物源距离和水动力环境	—	1 次/5a
		底层沉积物粒度	反映介质流动性	—	1 次/5a
		表层沉积物矿物组成	反映沉积物源和沉积环境	—	1 次/10a
		表层沉积物元素及离子组成	反映沉积物源和沉积环境	—	1 次/5a
		底层沉积物矿物组成	反映沉积水动力环境和物质交换	—	1 次/10a
		底层沉积物元素及离子组成	反映沉积水动力环境和物质交换	—	1 次/5a
	生境质量	土壤动物种类	反映海滩生物生态环境	—	1 次/2a
		土壤动物数量	反映海滩生物生态环境	—	1 次/2a

　　海滩资源不仅能够为生产和生活提供各种各样的水产品和造纸原材料，而且能够为人类经济生活提供丰富的旅游资源。为了准确掌握海滩资源数量状况，通过观测海滩资源类型和面积指标，利用实地调查和遥感测算方式，可以得到海滩类别和海滩数量，以便于合理规划海滩资源的开发利用方式。同时结合全国海岸带和海涂资源调查与专项调查等数据，预测、评价海滩开发潜力，实现海滩资源永续发展（姜正龙等，2020）。

　　海滩资源质量直接影响海滩经济价值和人们对海滩的利用方式。所以，不仅要重视海滩"量"的问题，更要关注海滩"质"的问题。通过对前滨宽度、海滩长度和干滩厚度指标的观测，掌握海滩的规模与分布情况，探究海滩地形与潮差的关系，也可作为海滩开发利用空间的评价因子（宫立新，2014）；海滩平面形态是海滩近岸过程和海岸工程的一个重要研究方向，同时对判别泥沙运移与平衡规律有着重要的意义（冯卫兵等，2008），反映地形整体变化特征（张建祺和李尚鲁，2020）；潮间带坡度和海滩蚀积（结构）的变化与海滩所处动力环境密切相关（宫立新等，2014），在经过一定时间的海水侵蚀与沉积作用后，两种作用达到一个静态平衡，而海滩的结构与形态亦趋于稳定，其指标能反映海滩的稳定性与蚀积情况，因此，观测潮间带坡度和海滩蚀积（结构）对海滩养护与岸防工程建设有着重要意义；全球海平面上升、河流泥沙量增多、人造工程诸多因素都会导致岸线的迁移，所以通过对岸线迁移特征指标的观测，可以定性或定量评价掌握海平面升降变化状况和趋势。

选取表层沉积物粒度、表层沉积物矿物组成、表层沉积物元素及离子组成指标可以判别沉积物物质来源与沉积环境（张云等，2018），同时与海滩剖面形态也具有很好的相关性，一般海滩剖面坡度越大，沙粒越粗；通过对底层沉积物粒度、底层沉积物矿物组成、底层沉积物元素及离子组成指标的观测，可以揭示沉积介质的流体力学性质和能量，也可以判别沉积环境及水动力条件（Duck，2001；郑昊等，2020）。沉积物粒度是海滩的重要特征之一，包含了丰富的沉积动力环境与沉积物输运方面的重要信息，其粒度分布状况反映沉积区的地形、水动力条件和沉积物搬运过程（Duck，2001）。分析沉积物粒度分布趋势可以判断沉积物输移特征和搬运方式。选取土壤动物数量和种类指标反映生境多样性特征（柯欣等，2002）。所以，通过对土壤动物种类和土壤动物数量指标观测，可以定量、定性评价海滩生物多样性状况以及反映海滩生态环境稳定性。

5. 地下水数量质量子模块（Q16）

地下水是赋存于地面以下岩石孔隙中的水，根据《水文地质术语》（GB/T 14157—1993）中的相关内容，地下水为埋藏在地表以下各种形式的重力水，时刻受降水、赋存环境和人为因素的影响。地下水资源是指能够供人类生产生活开发利用的水，具有可再生的特点，可逐年恢复。地下水资源作为地球上重要的水资源，与人类社会有着密切的关系。

地下水资源一级指标有 2 个，主要为地下水资源数量和地下水资源质量；二级指标有 6 个，包括地下水类别、资源量、径流量、相邻含水层越流量、水体理化生性质和赋存环境；三级指标有 17 个，具体内容见表 6-16。

表 6-16　地下水数量质量子模块

一级指标	二级指标	三级指标	指标功能	计量单位	观测频率
地下水资源数量	地下水类别	地下水类型（潜水、承压水、裂隙水、岩溶水）	反映地下水类型特性	—	1 次/1a
		泉类型（上升泉、下降泉）	反映地下水类型特性	—	1 次/1a
	地下水资源量	补给量和消耗量	估算地下水资源量	m^3	1 次/1a
	地下水径流量	含水层渗透系数	计算地下水径流量	—	丰水期、平水期、枯水期各一次，3 次/1a
		水位高程（含两测点距离）	计算地下水水力坡度，计算地下水径流量	m	
		断面宽度	计算地下水径流量	m^2	
		含水层厚度	计算地下水径流量	m	

续表

一级指标	二级指标	三级指标	指标功能	计量单位	观测频率
地下水资源数量	相邻含水层越流量	渗流速度	计算相邻含水层的越流量	m/d	
		弱透水层渗透系数	计算相邻含水层的越流量	—	
		相邻含水层的水头梯度	计算相邻含水层的越流量	—	
		临界水头梯度	计算相邻含水层的越流量	—	
地下水资源质量	水体理化生性质	详见水体理化生性质子模块	反映地下水水质	—	
		地下径流流速	反映地下水流动性	m/s	
		地下径流流向	反映地下径流流动规律		
		地下水动力黏滞系数	反映地下水流动性		
	赋存环境	含水层岩性（包气带水、潜水）	反映地下水含水层岩性	—	1 次/10a
		岩溶含水层中的岩溶分布	反映岩溶分布情况	—	1 次/10a

人类社会想要更好地利用地下水资源只有在了解了地下水资源数量、质量状况后，才能更好地决策如何管理、开发利用。地下水资源数量主要通过地下水类别、资源量、径流量以及相邻含水层越流量进行评价。通过对地下水类型和泉类型的调查可以了解地下水本质属性属于何种类别；通过对地下水补给量和消耗量的调查观测，掌握地下水水量的变化，客观衡量人类能够开采地下水的数量，地下水的补给消耗主要通过地下水资源与大气、土壤、地表水和人类活动相互作用进行反映；地下水径流量和相邻含水层越流量表征地下水在同一个含水层内和相邻含水层之间的运动特征，对于小尺度或单个含水层的地下水能够直观刻画，了解其消耗补给途径，服务于地下水循环科学研究，助力生产生活，通过观测含水层渗透系数、水位高程、断面宽度和含水层厚度指标，可以定量评价地下水径流量状况。通过对渗流速度、弱透水层渗透系数、相邻含水层水头梯度及临界水头梯度指标观测，可以计算相邻含水层的越流量。

地下水资源质量主要围绕水体理化生性质和赋存环境两方面内容进行评价。水体理化生性质直接表征地下水资源水质状况，通过对地下水资源理化生指标观测，结合生活饮用水卫生、农田灌溉水质、工业用水水质等国家相关用水标准，评价地下水资源可以作为何种用途；同时，地下径流流速、地下径流流向及地下水动力黏滞系数等指标可定量评价其动力学特征，反映地下水消耗和补给情况。赋存环境表征地下水资源赋存环境，直接影响到人类开采利用成本，辅助评价开采的必要性，主要包括含水层岩性和岩溶含水层中的岩溶分布两个指标。

6.2.4　水土理化生性质模块

1. 水体理化生性质子模块（Q17）

水资源以各种各样的形式存在于自然界，人类除了应当关注水资源的存在形式外，还应当重点关注水资源的水质情况。追踪水质情况、确保水质正常是关系人类生存发展的一项重要任务，也是水资源管理过程中不可或缺的一个环节。

本模块共有 27 项三级指标，包括铁、锰等，具体内容见表 6-17。

表 6-17 水体理化生性质子模块

三级指标	具体内容
铁、锰等 5 种元素	总硬度、铁、锰、铝、钠（常规非常规）
铜、锌等 14 种元素	铜、锌、镉、铬（六价）、铅、铍、硼、钡、镍、钴、钼、银、铊、磷
色	色
嗅和味	嗅和味
浑浊度	浑浊度
肉眼可见物	肉眼可见物
pH	pH
溶解性总固体	溶解性总固体
硫酸盐、氯化物等 6 种物质	硫酸盐、氯化物、氨氮、硝酸盐、氟化物、溴酸盐（使用臭氧时）
挥发性酚类、阴离子表面活性剂等 5 种物质	挥发性酚类、阴离子表面活性剂、亚硝酸盐、氰化物、碘化物
甲醛（使用臭氧时）	甲醛（使用臭氧时）
氯气及游离氯制剂（游离氯）等 2 种元素	氯气及游离氯制剂（游离氯）、一氯胺（总氯）
氯化氰（以 CN⁻计）	氯化氰（以 CN⁻计）
耗氧量（COD$_{ma}$ 法）	耗氧量（COD$_{ma}$ 法）
硫化物等 4 种元素	硫化物、亚氯酸盐（使用二氧化氯消毒时）、氯酸盐（使用复合二氧化氯消毒时）、臭氧（O$_3$）
总大肠菌群等 3 种物质	总大肠菌群、耐热大肠菌群、大肠埃希氏菌
菌落总数	菌落总数
汞等 4 种元素	汞、砷、硒、锑
总 α 放射性	总 α 放射性
总 β 放射性	总 β 放射性
三氯甲烷、四氯化碳等 22 种物质	三氯甲烷、四氯化碳、苯、甲苯、二氯甲烷、1,2-二氯乙烷、1,1,1-三氯乙烷、1,1,2-三氯乙烷、1,2-二氯丙烷、三溴甲烷、氯乙烯、1,1-二氯乙烯、1,2-二氯乙烯、三氯乙烯、四氯乙烯、氯苯、邻二氯苯、对二氯苯、三氯苯（总量）、乙苯、二甲苯（总量）、苯乙烯
2,4-二硝基甲苯、2,6-二硝基甲苯等 31 种物质	2,4-二硝基甲苯、2,6-二硝基甲苯、萘、蒽、荧蒽、苯并（b）荧蒽、苯并（a）芘、多氯联苯（总量）、邻苯二甲酸二（2-乙基己基）酯、2,4,6-三氯酚、五氯酚、六六六（总量）、γ-六六六（林丹）、滴滴涕（总量）、六氯苯、七氯、2,4-滴、敌敌畏、甲基对硫磷、马拉硫磷、丙烯醛、乐果、毒死蜱、百菌清、莠去津、一氯一溴甲烷、二氯一溴甲烷、三氯乙醛、灭草松、溴氰菊酯、六氯丁二烯
二氯乙酸等 2 种元素	二氯乙酸、三氯乙酸
克百威等 5 种物质	克百威、涕灭威、草甘膦、微囊藻毒素-LR、呋喃丹

续表

三级指标	具体内容
石油类	石油类
二氧化氯（ClO_2）	二氧化氯（ClO_2）
贾第鞭毛虫等 2 种元素	贾第鞭毛虫、隐孢子虫

地表水、地下水、入海水和生活饮用水是水资源的几种主要存在形态，其水质是人类长久关注的重点问题。地表水是人类赖以生存和发展的重要自然资源之一，也是人类生态环境的重要组成部分。地表水的健康与人类社会息息相关，因为地表水不仅是人类生活饮用水的重要来源之一，还是水生植物和水生动物的生存环境，可作为农作物的灌溉用水，同时也是城市生态系统的重要组成部分。因此，观测研究诸如河流、湖泊等地表水水质具有重要实际意义（陶征楷，2014）。

地下水是我国水资源的重要组成部分，全国近 70%的人口以地下水为饮用水源，40%的耕地面积以地下水为灌溉水源（姜建军，2005）。由于人类活动的影响，地下水污染日趋严重，呈现由点到面、由浅到深的扩展趋势。做好地下水水质评价，对地下水水质状况进行合理分析，有助于制定水环境治理规划，切实保护地下水资源。

随着海洋经济产业的迅速发展，沿海各市对海洋的开发利用程度越来越高，各种港口泊位、人工岛、防波堤和围填海等涉海、用海工程建设项目越来越多，排入海中的污染物逐年增加，营养化趋势日益加剧，赤潮频繁发生，许多经济鱼类消失，使海水养殖业遭受巨大损失，海水水质成为人们普遍关注的焦点。自 20 世纪 50 年代以来，国内外学者对水体环境质量进行了深入的研究，各类水质监测评价方法逐步建立与规范（柯丽娜等，2013）。根据世界卫生组织报道，在发展中国家有四分之三的农村人口、三分之一的城市人口得不到安全卫生的饮用水；百分之八十的疾病和三分之一的死亡率都与饮用受污染的水有关。生活饮用水质安全问题在农村和城市受到同样的关注，有很多因素会影响水的质量。因此，观测研究生活饮用水水质关系我国人民健康，具有重要意义。

2. 土体化学性质子模块（Q18）

土壤资源是国土空间规划管控的重要资源，它的资产价值体现在土壤资源数量和质量两方面，土壤化学性质是土壤资源质量的重要评价项目，既关系人类健康生存，又关系人类社会的绿色发展。在健康生存方面，掌握土壤中各类重金属污染的最新情况以及变化情况有助于分析土壤污染的态势和形势，便于划定国土利用的红线；在绿色发展方面，掌握土壤养分空间变异特征有助于农业发展和管理，能够提高肥料利用效率和增加作物产量等（祝宇成等，2016）。

本模块共有 32 项三级指标，包括有机质、全氮、全磷、全硼、全砷、全汞、全镉等指标，具体内容见表 6-18。

表 6-18　土体化学性质子模块

三级指标	具体内容
有机质	有机质
全氮	全氮
全磷	全磷
全硼	全硼
全砷	全砷
全汞	全汞
全镉等 2 种元素	全镉、全铅
全钾等 2 种元素	全钾、速效钾
全锰等 8 种元素	全锰、全锌、全铜、全钼、全铬、全镍、全钴、全钒
全锑等 3 种元素	全锑、全铊、全锡
速效磷	速效磷
有效硼	有效硼
有效硅	有效硅
有效铁等 3 种元素	有效铁、有效锌、有效铜
有效硫	有效硫
有效钼	有效钼
有效氯	有效氯
有效氟等 3 种元素	有效氟、碘、锗
砷、镉等 11 种物质	砷、镉、铬、汞、镍、铜、锌的离子交换态、交换性钙、交换性镁、有效钙、有效镁
全硒、砷、镉等 43 种物质	全硒、砷、镉、铬、汞、镍、铜、锌的水溶态、碳酸盐结合态、铁锰氧化物结合态、弱有机结合态、强有机结合态、残渣态
六六六等 3 种元素	六六六、滴滴涕、多氯联苯
多环芳烃	多环芳烃
碱解氮（水解性氮）	碱解氮（水解性氮）
土壤酸碱度	土壤酸碱度
质地	质地
阳离子交换量	阳离子交换量
全盐量	全盐量
电导率	电导率
可溶性有机碳	可溶性有机碳
缓效钾	缓效钾
交换性钾等 2 种元素	交换性钾、钠
交换性氢等 2 种元素	交换性氢、铝

　　土壤肥力是土壤资源利用一直关注的话题。有机质是土壤固相部分的重要组成成分，也是植物营养的主要来源之一，能促进植物的生长发育，改善土壤的物理性质，促进微生物和土壤生物的活动与土壤中营养元素的分解，提高土壤的保肥性和缓冲性。有机质的含量与土壤肥力水平呈正相关。土壤中的氮元素可分为有机氮和无机氮，两者之和称为全氮。全氮是土壤氮素养分的储备指标，在一定程度上能说明土壤氮的供应能力（Lin et al.，2004）。全磷指的是土壤全磷量即磷的总贮量，包括有机磷和无机磷两大类。全磷是衡量土壤中各种形态磷总和的一个指标，其值大小受土壤母质、成土作用影响很大，且与土壤质地和有机质也有关系（Ding et al.，2010）。土壤钾是植物光合作用、淀粉合成和糖类转化所必需的元素，也是衡量土壤肥力的一个重要指标（Ding et al.，2010）；速效钾是植物能利用的钾，占土壤中钾素的极少部分，能真实反映土壤中钾元素的供应情况。基于此，本模块中加入了上述相关的指标。

　　土壤重金属污染也是人类一直关注的话题。重金属汞污染主要来自污染灌溉、燃煤、汞冶炼厂和汞制剂厂汞。汞进入土壤后95%以上能迅速被土壤吸持或固定，这主要是土壤里的黏土矿物和有机质有强烈的吸附作用，因此汞容易在表层积累形成危害。

　　若镉被土壤吸附，一般在0～15cm的土壤层累积。当土壤偏酸时，镉的溶解度增高，而且在土壤中易于迁移。土壤对镉有很强的吸着力，因而镉易在土壤中造成蓄积。镉对农业最大的威胁是产生"镉米""镉菜"，人食用这种被镉污染的作物会得骨痛病，还会损伤肾小管，出现糖尿病，造成肺部损害、心血管损害，甚至还有致癌、致畸、致突变的可能。

　　铅污染主要来自汽油里添加抗爆剂烷基铅，土壤中的铅大多被发现于表土层，表土铅在土壤中几乎不向下移动。铅对动物的危害是积累中毒。铅是作用于人体各个系统和器官的毒物，能与体内的一系列蛋白质、酶和氨基酸内的官能团络合，干扰机体多方面的生化和生理活动，导致对全身器官产生危害。

　　当重金属铬污染进入土壤后，90%以上迅速被土壤吸附固定，在土壤中难以再迁移。低浓度 Cr^{6+} 能提高植物体内酶活性与葡萄糖含量；而高浓度时，则妨碍水分和营养向上部输送，并破坏代谢作用。人体含铬过低会产生食欲减退等症状，而铬同时具有强氧化作用，对人体主要是慢性危害，在长期作用下可引起肺硬化、肺气肿、支气管扩张，甚至引发癌症。

　　砷通常集中在表土层10cm左右，只有在某些情况下可淋洗至较深土层，如施磷肥可稍增加砷的移动性。砷中毒可影响作物生长发育，砷对植物危害的最初症状是叶片卷曲枯萎，进一步是根系发育受阻，最后是植物根、茎、叶全部枯死。砷对人体危害很大，在体内有明显的蓄积性，它能使红细胞溶解，破坏人体正常的生理功能，并具有遗传性、致癌性和致畸性等。

6.3　作用过程模块

　　资源间相互作用过程模块共22个，气候相关作用过程（10个）、非气候相关作用过程（12个），其中22个一级指标，56个二级指标，152个三级指标（不含重复项）。该模块主要包含自然资源动态变化、相互作用过程方面的指标（表 5-1）。气候资源与其他自然资源密切相关，特别是水资源。气候变化会影响地表覆盖资源的面积分布、植被群落、结构功能等的变化。因此，关注气候资源的变化和其他自然资源的相互作用过程，对认识自然资源的变化动因机制、发展过程和演化趋势起着至关重要的作用。

鉴于大气降水、沉降等对地表覆盖资源的普遍影响，设计气候相关作用过程共性模块，观测日降水量、降水强度、干-湿沉降总量等指标，记录气候资源对其他资源的影响情况。地表水、冰川、海面、土地、冻土资源受气温、湿度、风等影响，发生蒸发、升华、凝华、融化、凝固、风蚀等作用，促进自然资源间水分和热量的循环。植被资源在降水、辐射、气温等影响下，进行蒸腾、光合、呼吸作用，促进植被的生长和自然界物质交换。非气候相关作用过程包括地表水和地下水的相互补给，地表水、地下水和土地间的渗流、侵蚀改造，土地与植被的水分供给、呼吸、保育作用，冰川融化对水资源的补给和与土地、冻土间的热量传递（崔素芳，2015）。通过观测地下水位可判断区域内地表水与地下水的相互补给；河水输沙量及河沙中值粒径可反映流域水土流失程度，结合河道下蚀深度、河流曲率可反映河水对地貌的改造程度；根系茎流值、树干茎流量等可反映植物吸水量；冰川融水截面积、流速、水位等指标可计算融水径流量，并反映冰川消融情况和对地表或地下水资源的补给（沈永平等，2009）。

6.3.1　气候相关作用过程模块

1. 气候作用过程共性子模块（E1）

气候是指一个地区大气的多年平均状况，主要的气候要素包括气温、降水和光照等，其中降水是一个重要的要素。气候指标是一定气候条件下的单项气候要素或多种气候要素综合的特征量。气候指标既是气候条件的定量表达方式，能反映某些气候现象，如表示某地受季风影响程度的季风指数；又是评价气候资源和灾害、进行气候区划、研究各类气候问题的必要数据和基础。

气候作用过程共性指标共有 32 个。其中，一级指标有 1 个，为气候作用过程共性指标；二级指标有 4 个，包括凝结作用、凝华凝固作用、降水化学性质和沉降作用；三级指标有 27 个，具体内容见表 6-19。

表 6-19　气候作用过程共性子模块

一级指标	二级指标	三级指标	指标功能	计量单位	观测频率
气候作用过程共性指标	凝结作用	降水面积	估算大气降水量	km²	每次降水时观测
		日降雨量	反映大气降雨→其他资源补充	mm/d	降水测 2 次/1d
		降雨强度	反映大气降雨→其他资源补充	mm/min	降雨测 1 次/1h
		降雨出现时间	反映大气降雨→其他资源补充	—	降雨测 1 次/1d
		降雨持续时间	反映大气降雨→其他资源补充	—	降雨测 1 次/1d
		雨滴中值粒径	反映大气降雨→其他资源补充	mm	每次降水时观测

续表

一级指标	二级指标	三级指标	指标功能	计量单位	观测频率
	凝华凝固作用	降雪出现时间	反映大气降雪→其他资源补充	—	降雪测 1 次/1d
		降雪持续时间	反映大气降雪→其他资源补充	—	降雪测 1 次/1d
		降雪雪深	反映大气降雪→其他资源补充	cm	降雪测 1 次/1d
		降雪雪压	反映大气降雪→其他资源补充	g/cm^2	降雪测 1 次/1d
		冰雹出现时间	反映大气降冰雹量	—	降冰雹时测
		最大冰雹直径	反映大气降冰雹量	—	降冰雹时测
	降水化学性质	降水酸碱度（pH）	反映大气水分性质	—	
		降水硫酸根离子（SO_4^{2-}）	反映大气水分性质	mg/L	1、4、7、10 月观测
		降水硝酸根离子（NO_3^-）	反映大气水分性质	mg/L	
		降水铵根离子（NH_4^+）	反映大气水分性质	mg/L	
气候作用过程共性指标		降水氢、氧同位素（D、^{18}O）	反映大气水分性质	mg/L	1 次/1 月，全月降水总和
	沉降作用	干沉降总量	反映大气→其他资源补充	t/km^2	1 次/1 月
		干沉降电导率	反映大气干沉降情况	mS/m	1 次/1 月
		干沉降 pH 值	反映大气干沉降情况		1 次/1 月
		干沉降化学成分、F^-、Cl^-、NO_2^-、NO_3^-、SO_4^{2-}、NH_4^+、K^+、Na^+、Ca^+	反映大气干沉降情况		1 次/1 月
		干沉降重金属元素（Hg、Cd、Pb、As、Cr、Cu、Zn、Mn）	反映大气干沉降情况	—	1 次/1 月
		湿沉降总量	反映大气→其他资源补充	mm	每个降雨过程采集一个样品
		湿沉降电导率	反映大气湿沉降情况	mS/m	每个降雨过程采集一个样品
		湿沉降 pH 值	反映大气湿沉降情况		每个降雨过程采集一个样品
		湿沉降化学成分、F^-、Cl^-、NO_2^-、NO_3^-、SO_4^{2-}、NH_4^+、K^+、Na^+、Ca^+	反映大气湿沉降情况		每个降雨过程采集一个样品
		湿沉降重金属元素（Hg、Cd、Pb、As、Cr、Cu、Zn、Mn）	反映大气湿沉降情况	—	每个降雨过程采集一个样品

降水量指从天空降落到地面上的液态或固态（经融化后）水，未经蒸发、渗透、流失，而在水平面上积聚的深度。气象学中常以年、月、日、12 小时、6 小时、1 小时作

为降水量的时间尺度。一年中降下来的雨雪全部融化为水，称为年降水量，而一个地方多年的年降水量的平均值，称为此地的平均年雨量。降雨强度是指在某一历时内的平均降落量，可以用单位时间内的降雨深度表示，也可以用单位时间内面积上的降雨体积表示，降雨强度是降雨量与降雨历时的比值，历时越短则降雨强度越大，降雨强度是决定暴雨径流的重要因素之一。

通常把半径小于 $100\mu m$ 的水滴称为云滴，而半径大于 $100\mu m$ 的水滴称雨滴。水成云内如果具备了云滴增大为雨滴的条件，并且雨滴具有一定的下降速度，就会形成降雨。在喷灌农业中，可以通过测量雨滴粒径的大小评估降水的蒸发率、受风力的影响程度等。雨滴的大小及其分布是计算雨滴动能等降雨参数的重要依据，也是模拟降雨试验中必须考虑的基本要素之一（徐向舟等，2004）。

林冠截留量的多少主要取决于降雨量和降雨强度，并与森林类型、林分组成、林龄、郁闭度等相关。一般来说，林冠截留量随降水量的增加而增加，但不呈线性相关，而林冠截留量的百分比却随着雨量的增加而减少，林冠的最小截留率出现在雨季；林冠的最大截留率出现在旱季。林冠截留量同样与降水性质相关，阵性降水强度大，雨滴也大，林冠截留量较小，而毛毛细雨历时较长，截留降水能均匀湿润枝叶表面，截留降水蒸发到大气中去的时间较长，增加了截留的能力。一般来讲，林冠截留与降水强度成反比（周爽等，2004）。

当气象站四周视野地面被雪（包括雪、霰、冰粒）覆盖超过一半时需要观测雪深；在规定的时间，当雪深达到或超过 5cm 时要观测雪压。冰雹是春夏季节一种对农业生产危害较大的灾害性天气，当冰雹出现时，常常伴有大风、剧烈的降温和强雷电现象。

大气降水化学组成是云中、云下一系列化学反应相互作用的结果，降水受地域、季节、降水量、自身污染源和持续时间等因素的影响，其化学组成存在较大的差异。即使同一地点、同一场降水，在降水过程的不同时间段，其化学组成也显著不同（周瑞，2011）。大气降水氧同位素的变化规律揭示了微生物与环境的关系以及气候变化的特征。水分子经过反复多次的蒸发-凝聚分馏作用，使内陆及高纬度区雨、雪集中了最少的降水，而在低纬度大洋中出现最多的降水。同时，氢同位素和氧同位素平行变异，此现象称为大气降水同位素组成纬度效应（田立德和姚檀栋，2002）。

大气降尘包括干降尘和湿降尘，干降尘为自然灰尘和尘暴，湿降尘则为降雨、雪雹等形式从大气中清洗下来的粉尘（路璐等，2012）。大气沉降是陆源污染物和营养物质向海洋输送的重要途径，通过大气沉降途径可以向海洋输入的氮、磷营养盐与锌、铅、镉、镍等重金属元素以及酸雨等，对近岸海洋表层海水中的污染物质分布、海水富营养化、重金属元素污染及海水酸化都有较大的影响（张志锋等，2013）。此外，大气沉降也是土壤污染的重要来源。大气干、湿沉降不仅对生态环境产生物理、化学侵害，更严重的是二次污染，譬如土壤中的重金属被植物吸收，进而被动物或人类食用，会对人体造成巨大危害（张凯等，2017）。对大气干、湿降尘的研究可以了解大气环境质量以及污染物的循环模式（杨忠平等，2009）。

2. 气候与地表水作用子模块（E2）

气候系统是由大气圈、水圈、岩石圈、冰雪圈、生物圈五个主要部分组成的高度复杂的系统。在太阳能的驱动下，水是全球气候系统中的"活跃分子"，是大气环流和水循环的重要因素，其中气候对地表水循环有着重要影响。

该模块共有 6 个指标，其中一级指标有 1 个，为气候与地表水作用；二级指标有 2 个，包括气温影响和蒸发作用；三级指标有 3 个，具体内容见表 6-20。

表 6-20　气候与地表水作用子模块

一级指标	二级指标	三级指标	指标功能	计量单位	观测频率
气候与地表水作用	气温影响	水面温度	反映大气→地表水的影响	℃	1 次/1h
	蒸发作用	水面小型蒸发量	反映地表水→大气补充	mm	1 次/1d
		水面大型蒸发量	反映地表水→大气补充	mm	1 次/1d

一般温度越高、湿度越小、风速越大、气压越低、蒸发量越大；反之蒸发量就越小。土壤蒸发量和水面蒸发量的测定在农业生产和水文工作上非常重要。在雨量稀少、地下水源和流入径流水量不多的地区，若蒸发量很大，则易发生干旱。蒸发作用是地表热量平衡和水量平衡的组成部分，也是水循环中最直接受土地利用和气候变化影响的一项。同时，蒸发量也是热能交换的重要因子。所以，蒸发量在估算陆地蒸发、作物需水和作物水分平衡等方面具有重要的应用价值。进行蒸发量变化的研究，对深入了解气候变化、探讨水分循环变化规律具有十分重要的意义。就实际而言，在水利工程设计、农林牧业土壤改良、土壤水分调节、灌溉定额制定以及研究水分资源、制定气候区划等方面都具有重要的指导意义（刘畅等，2014；张海燕等，2020）。

3. 气候与植被作用过程共性子模块（E3）

在太阳辐射、下垫面强迫作用和大气环流的共同作用下，形成的天气长期综合情况称为气候，气候资源主要由光能和热量组成；植被资源是指在目前社会经济技术条件下人类可以利用与可能利用的植物，具有能够不断自然更新、能够人为地繁殖扩大、可实现永续利用的再生性特点。植被资源与气候资源要素密切相关，比如气候变化能引起植被带移动，植被带的范围、面积、界限将相应变化，从而引发植被面积的减少、树种的变化等资源问题。

气候与植被作用过程观测指标共 20 个。其中，一级指标有 1 个，为气候与植被作用过程共性指标；二级指标有 4 个，分别为气温影响、散发（蒸腾）作用、光合作用、固氮作用；三级指标有 15 个，具体内容见表 6-21。

表 6-21　气候与植被作用过程共性子模块

一级指标	二级指标	三级指标	指标功能	计量单位	观测频率
气候与植被作用过程共性指标	气温影响	露点温度	反映大气→植被的影响	℃	1 次/1d
		有效积温	反映热量资源情况	℃	生长季：1 次/1 季
		植物无霜期	反映热量资源情况	—	1 次/1 月
		植物生长期	反映热量资源情况	—	1 次/1 月
	散发（蒸腾）作用	气孔导度	反映植物调节气候、涵养水分功能	$mmol/(m^2 \cdot s)$	1 次/3d
		植物蒸腾效率	反映植物调节气候、涵养水分功能	g/kg	实时观测
	光合作用	光合有效辐射量	反映光能资源情况	W/m^2	实时观测
		净生态系统交换量（NEE）	反映植物固碳功能	$\mu g/m^3$	实时观测
		总光合作用生产力（GPP）	反演植物固定的光合产物量	$g \cdot (CO_2)/(m^2 \cdot d)$	实时观测
		植物总光合速率	反演植物释氧功能	$mg \cdot (CO_2)/10cm^2/a$	实时观测
		生态系统呼吸（RE）	反演植物呼吸	$\mu mol \cdot (CO_2)/(m^2 \cdot g)$	实时观测
		植物呼吸速率	反映植物调节气候、涵养水分功能	$mg(\mu l)/(h \cdot g)$	实时观测
		释放氧气量	反映植物释氧功能	kg	1 次/1 月
		空气负离子浓度	反映调节气候功能	cm^3	实时观测
	固氮作用	固氮量	反映植物营养积累量	kg	1 次/1 月

　　植被是陆地生态系统中对气候变化响应最敏感的组分，在一定程度上是气候变化的指示器。植物生长发育需要在一定的温度条件下进行，而且只有当热量积累到一定的程度时才能完成其生长发育的全部过程。所以热量是植物生命活动中不可缺少的生存因子，露点温度、有效积温、植物无霜期、植物生长期指标可以反映植物生长、发育对热量的要求和评价热量资源状况。

　　植被蒸腾作用为大气提供大量的水蒸气，使区域的空气保持湿润、气温降低，通过对气孔导度、植被蒸腾效率指标观测，定性或定量评价植被资源的调节气候、涵养水源等功能情况。

　　在可见光的照射下，植被可以利用光合色素，将二氧化碳和水转化为有机物，并释放出氧气，所以通过观测光合有效辐射量、净生态系统交换量、总光合作用生产力、植物总光合速率、释放氧气量指标，定量评价气候资源和植被资源转换价值和效率，进一步反映植被资源在气候因子影响下价值产出值和植被资源生长状况。同时，通过观测生态系统呼吸、植物呼吸速率、空气负离子浓度指标，定性评价植被对气候的调节作用和影响机制。

　　氮在自然界中有多种存在形式，其中数量最多的是大气中的氮气，植物能把空气中的氮气吸收，转变为植物的肥料，反映植物营养积累状况，进而在生态修复中也起到重要的生态作用。

4. 气候与林木作用子模块（E4）

林木资源主要指的是树木资源，尤其是乔木资源。气候是林木资源的重要组成部分，对森林生态系统的分布、结构、功能和生产力起着制约作用（陈昌毓，1991）。

气候与林木作用过程观测指标共 7 个。其中，一级指标有 1 个，为气候与林木作用；二级指标有 3 个，包括降水作用、蒸散发（蒸腾）作用、升华作用；三级指标有 3 个，包括林冠截留雨量、树干蒸腾量、林冠截雪升华量，具体内容见表 6-22。

表 6-22　气候与林木作用子模块

一级指标	二级指标	三级指标	指标功能	计量单位	观测频率
气候与林木作用	降水作用	林冠截留雨量	反映林冠→降雨的截留作用	mm	1 次/1d
	蒸散发（蒸腾）作用	树干蒸腾量	反映林木→气候调节	mm	实时观测
	升华作用	林冠截雪升华量	反映气候变化、林冠→大气水分的补给	mm	1 次/1d

研究表明，各森林类型的林内雨透流率都小于 50%，有 50% 以上的降雨被林冠层截留，通过观测林冠截留雨量指标，可以研究降雨量和林冠之间的制约关系。同时，通过研究林冠截雪升华量，可定量评价雪升华对大气水分补给量和气候变化的影响，以及林冠对气候调节作用。气候因子温度、可见光对林木的散发（蒸腾）作用有影响，观测树干蒸腾量，研究林木与气候调节机制，可以评估相互作用与影响过程。

5. 气候与冰川作用子模块（E5）

冰川作为地球冰冻圈的重要部分，是对气候变化最为敏感的指示器之一，可以最直接地反映气候变化状况。全球变暖，气候变化直接影响冰川表面温度，造成冰川消融。在过去的 100 年，全球大多数冰川处于萎缩状态，尤其近几十年来呈加速态势。深入了解全球变暖背景下冰川的变化趋势及其对气候变化的响应，对认识不同类型冰川对气候变化的响应方式具有重要意义。

气候与冰川作用模块共 16 个观测指标，其中包括气候与冰川作用 1 个一级指标，气温影响、升华作用和融化作用 3 个二级指标，以及冰表面温度等 12 个三级指标，具体内容见表 6-23。

表 6-23　气候与冰川作用子模块

一级指标	二级指标	三级指标	指标功能	计量单位	观测频率
气候与冰川作用	气温影响	雪表面温度	判断雪升华	℃	1 次/1h
		冰表面温度	判断冰升华	℃	1 次/1h
		冰表面水汽压	判断冰升华	hPa	1 次/1h
		冰川水氢、氧同位素（D、^{18}O）	反映水汽凝结时的气温变化情况	‰	1～6 次/1a

续表

一级指标	二级指标	三级指标	指标功能	计量单位	观测频率
		冰表面升华量	反映气候变化、水量平衡、能量平衡	mm	1 次/1h
		风吹雪升华量	反映气候变化、水量平衡、能量平衡	mm	1 次/1h
	升华作用	积雪升华量	反映气候变化、水量平衡、能量平衡	mm	1 次/1h
		升华潜热	反映气候环境及冰、雪特性	mm	1 次/1h
气候与冰川作用		冰川上游端海拔	反映气候→冰川的影响、推算冰川消融量	m	1 次/ a
	融化作用	冰川下游端海拔	反映气候→冰川的影响、推算冰川消融量	m	1 次/1a
		冰川末端进退	反映气候→冰川的影响、推算冰川消融量	m	1 次/1a
		冰川平衡线（雪线 ELA）	反映气候→冰川的影响、推算冰川消融量	m	1 次/1a

气候与冰川的相互作用重点在于冰川对气候变化的响应，主要围绕气温影响、升华作用、融化作用三个方面进行观测和研究。气候变化会对冰川表面温度造成影响，进而影响冰雪升华，通过观测冰表面温度、雪表面温度、冰表面水汽压指标，可以直接得到气候变化对冰川表面温压条件的影响；对冰川水氢、氧同位素的观测（D、^{18}O）则可以计算水汽凝结时的气温变化，进而评价气候变化对冰川气温变化的影响。升华作用方面的指标主要有冰表面升华量、风吹雪升华量、积雪升华量和升华潜热。冰雪升华量（冰表面升华量、风吹雪升华量、积雪升华量统称为冰雪升华量，下同）主要反映冰川物质平衡，不同气候条件下冰川的冰雪升华量不同，通过对冰雪升华量相关指标的观测可以反映冰川冰雪升华对气候变化的响应程度。升华潜热主要反映不同气候条件下冰雪物理特性，可以表征冰川能量平衡对气候变化的响应。气候对冰川影响最直观的是冰川的融化作用，直接导致冰川消融，主要通过冰川上游端海拔、冰川下游端海拔、冰川末端进退和冰川平衡线指标进行观测评价，通过对冰川上下界及平衡线位置变化的观测，进而推算冰川消融量，掌握气候对冰川消融的影响的过程。

6. 气候与海水作用子模块（E6）

由光、热、水、风、大气成分等组成的气候资源，分布于大气圈中，表现为自然物质和能量，是自然过程所产生的天然生成物。而在自然界中广泛分布的热量资源、光能资源、水分资源、风能资源和大气成分资源等与海洋资源之间时刻存在着相互作用，通过这些相互作用实现彼此之间的物质和能量的转换。

气候与海水作用模块有一级指标 1 个，为气候与海水作用；二级指标有 2 个，为气温影响和蒸发作用；三级指标有 4 个，具体内容见表 6-24。

表 6-24　气候与海水作用子模块

一级指标	二级指标	三级指标	指标功能	计量单位	观测频率
气候与海水作用	气温影响	海平面气温	反映大气→海面的影响	℃	1 次/1h
		海平面气压	反映大气→海面的压强	hPa	1 次/1h
	蒸发作用	海平面小型蒸发量	反映海面→大气补充	mm	1 次/1d
		海平面大型蒸发量	反映海面→大气补充	mm	1 次/1d

气候作为人类生产、生活必不可少的主要自然资源，可被人类直接或间接地利用，在一定的技术和经济条件下为人类提供物质及能量。而海洋资源是与海水水体及海底、海面本身有着直接关系的物质和能量，两者皆关乎自然界的生态变化和人类社会的经济发展。气候变化已经给我国农业、水资源、海岸带生态系统、海洋资源以及社会经济带来严重影响。因此把握好两者的相互作用关系可以为气象动态监测和灾害预测提供重要数据支撑，以此用来指导渔业生产、海洋灾害预警、海洋生态污染及灾害的监测，更直观地体现水循环和能量传导过程。

海气相互作用已成为研究气候变化的一个世界性的前沿课题，其影响气候的重要机制就是通过海气界面的物质和能量传输来完成的。海洋由不断运动的水体组成，海洋环境与陆地、大气环境存在极大不同，因此海洋监测与陆地、大气监测在空间域和时间域上存在着明显差别。通过对海平面气温和海平面气压指标的观测，反映大气对海面和海面压强的影响状况，对掌握大气对于海水物理性质变化有重要意义。若同时观测温压、水色等因素的变化可以预测赤潮位置、范围和扩散漂移方向等相关信息，对预测台风海啸也有着指导性作用（林晓鹏，2006）。大气对海水作用的同时，海面对于大气也存在反馈作用。选取易于观测和具有代表性的蒸发作用指标，反映海面对于大气物质补充的作用情况，其中包括海平面小型蒸发量和海平面大型蒸发量两个指标，两者通过不同的测量手段可以得到两组数据，通过对比研究，掌握水分蒸发情况和预测预判降水情况。大、小型蒸发量与气压、水汽压、降水量之间呈负相关关系，即气压越高，降水量越多，水汽压越大，蒸发量越小；蒸发量与温度和日照时数呈正相关关系，即温度越高，日照时数越多，蒸发量越大（王仲波，1992）。所以通过对海平面的温度、压强和蒸发量的观测，准确、科学掌握气候和海洋的内在关系，在指导渔业生产等方面有重要指导意义。

7. 气候与土地作用子模块（E7）

气候与土地的相互关系主要由气温、热交换、蒸发、呼吸和风蚀作用等因素组成。

气候与土地作用观测指标共 16 个，其中一级指标有 1 个，为气候与土地作用；二级指标有 5 个，为气温影响、热交换、蒸发作用、呼吸作用和风蚀作用；三级指标有 10 个，具体内容见表 6-25。

表 6-25 气候与土地作用子模块

一级指标	二级指标	三级指标	指标功能	计量单位	观测频率
气候与土地作用	气温影响	地表温度	反映大气→土地的影响	℃	1 次/1h
	热交换	土壤感热通量	反映大气→土地的热交换	W/m^2	实时观测
		土壤潜热通量	反映大气→土地的热交换	W/m^2	实时观测
	蒸发作用	土壤水分蒸发量	反映土壤→大气补充	%（m^3/m^3）	1 次/1d
	呼吸作用	土壤呼吸速率	反映土壤→大气补充	$\mu mol/(m^2 \cdot s)$	1～2 次/1 月
		土壤甲烷排放通量	反映土壤→大气补充	—	实时观测
		土壤二氧化碳排放通量	反映土壤→大气补充	—	实时观测
		土壤氮氧化物排放通量	反映土壤→大气补充	—	实时观测
	风蚀作用	土壤风蚀量	反映大气→土地的剥蚀搬运	g/cm^2	1 次/1 月
		风沙流输沙量（高输沙通量区）	反映大气→土地的剥蚀搬运	kg/m	1 次/1 月

通过选取土壤水分蒸发量指标反映土壤对大气的补充作用，土壤水分蒸发是指土壤水汽化进入大气的过程。蒸发过程主要有三个阶段：一是稳定蒸发速率阶段，蒸发受大气蒸发力控制，此阶段由于土体中孔隙被水所填充，土壤导水能力强，蒸发速率恒定；二是蒸发率下降阶段，当蒸发速率小于大气蒸发率时，进入该阶段，此阶段土壤蒸发速率随土壤导水率降低而逐渐降低，当土壤湿度降至最大吸湿水时，土壤蒸发转入下一阶段；三是土壤蒸发水分扩散阶段或者蒸发率微弱阶段，当土壤表层出现干土层时进入这个阶段，土壤水分散发速率甚小，表土变干，干土层的导水率接近零。土壤水分蒸发量利用蒸发器进行观测，根据每天水位变化与降水量计算蒸发量。

土壤的呼吸作用主要依靠土壤呼吸速率、土壤甲烷排放通量、土壤二氧化碳排放通量和土壤氮氧化物排放通量指标来反映土壤对大气的作用。在气候、植被、土壤及人为扰动下，土壤中的有机质经微生物分解为无机态的碳和氮，无机碳在有氧条件下以二氧化碳的形式释放进入大气，在厌氧条件下以 CH_4 形式排向大气，铵态氮在硝化菌作用下转化成硝态氮，在硝化和反硝化作用下转换成多种状态的氮氧化合物，在硝化和反硝化过程中均可产生 N_2O。土壤中 CO_2、CH_4 和 N_2O 等的流失显著地加剧了大气中 CO_2、CH_4 和 N_2O 等气体含量的升高，并增强了温室气体效应。便携、准确地测量土壤温室气体通量，对温室气体通量研究具有十分重要的意义。土壤的呼吸作用指标主要利用作物便携式土壤温室气体通量测量系统进行实时观测（张玉铭等，2011）。

风蚀作用主要依靠土壤风蚀量和风沙流输沙量来反映大气对土壤的剥蚀搬运作用。土壤风蚀是以风力为主的外营力作用于地面而引起尘土、沙的飞扬、跳跃和滚动的侵蚀过程。土壤风蚀作为干旱和半干旱地区风沙过程、沙漠化与沙尘暴灾害的首要环节，会引起土壤质地变粗、结构变坏、土壤肥力下降和可持续生产能力降低及风沙灾害等一系列生态环境问题。对风蚀量的判定是土壤流失和荒漠化的重要指标，也是进行土壤分级分类制定荒漠化防治规划和确定防风蚀措施的重要依据之一。野外通常利用风蚀圈法进行土壤风蚀量的测定。风沙流输沙量通常利用风沙流输沙量测定仪进行观测（赵沛义等，2008）。

8. 气候与冻土作用子模块（E8）

冻土与气候系统是相互作用、相互影响的。一方面，冻土是气候变化的指示器，气候变化是多年冻土的一个重要影响因素，可引起多年冻土区环境和工程特性的重大变化；另一方面，多年冻土的变化也通过一系列的水热交换过程对气候系统做出反应（杨建平等，2013）。当土壤冻结或融化时，会释放或消耗大量的潜热，从而影响气候变化。

该模块共有 14 个指标，其中一级指标有 1 个，为气候与冻土作用；二级指标有 6 个，包括气温影响、热交换、呼吸作用、凝华凝固作用、融化作用和升华作用；三级指标有 7 个，包括冻土地表温度、活动层土壤感热通量、活动层土壤潜热通量、季节冻结深度、季节融化深度、冻土碳通量和冻土表面升华量，具体内容见表 6-26。

表 6-26　气候与冻土作用子模块

一级指标	二级指标	三级指标	指标功能	计量单位	观测频率
气候与冻土作用	气温影响	冻土地表温度	反映大气→冻土的影响、判断冻土中冰升华	℃	1 次/1h
	热交换	活动层土壤感热通量	反映大气→冻土的热交换	W/m^2	实时观测
		活动层土壤潜热通量	反映大气→冻土的热交换	W/m^2	实时观测
	升华作用	冻土表面升华量	反映气候变化、水量平衡、能量平衡	mm	1 次/1h
	呼吸作用	冻土碳通量	反映碳循环、调节气候作用	$\mu mol/(m^2 \cdot s)$	1 次/1h
	凝华凝固作用	季节冻结深度	反映大气→季节性冻土影响	m	1 次/1 季
	融化作用	季节融化深度	反映大气→季节性冻土影响	m	1 次/1 季

在气候与冻土作用过程中，气候影响主要依靠观测冻土表面温度来衡量，多年冻土温度是指不同深度多年冻土的温度，是衡量多年冻土热状态的指标。在气候平衡或接近平衡的条件下，多年冻土温度随深度升高。多年冻土年平均地温是指地温年变化深度处的温度，是研究多年冻土特征的一个重要参数。

对于观测气候与冻土之间的热交换，主要依靠观测活动层土壤感热通量和潜热通量来衡量，其中感热通量也叫显热通量，是指由温度变化而引起的大气与活动层土壤之间发生的湍流形式的热交换。而潜热通量为活动层土壤与大气之间水分的热交换，两者共同反映了气候与冻土之间的热交换情况。

冻土的呼吸作用则通过冻土碳通量来反映，多年冻土区温度低，微生物代谢活动慢，因此有机质容易在土壤中积累保存。多年冻土区表面土壤及多年冻土层中含有大量的有机质，多年冻土对全球温室气体排放与吸收有十分重要的影响。长期来看，多年冻土对大气 CO_2 的吸收非常重要。与此同时，多年冻土区每年向大气排放温室气体的体量也十分可观。在气候变暖背景下，除了多年冻土温度升高，活动层冻融循环模式和水热特征也在发生着显著改变，直接效应使活动层温度升高、厚度增大、土壤的透气性增强。当微生物活动增强，储存在多年冻土区的土壤有机碳开始分解，使得含碳温室气体快速释放，从而导致大气中 CO_2 和 CH_4 浓度增加。温室气体的增加会加速气候变暖，而气候变暖又会进一步导致多年冻土区的碳释放，从而形成气候变暖与多年冻土区退化和碳释放之间的正反馈效应，进而很大程度上改变了大气含碳温室气体浓度和影响全球碳平衡。

冻土与气候之间的凝华凝固作用、融化作用及升华作用则通过季节冻结深度、季节融化深度和冻土表面升华量来反映。冬季含冰冻结、夏季全部融化的岩土被称为季节冻土，包括季节冻结层和季节融化层。自地表面至冻结层底面的厚度称冻结深度。季节冻结深度也称活动层厚度。活动层是指位于地表以下、多年冻土层之上，一定深度内冬季被冻结、夏季被融化的土（岩）层。由于多年冻土是基于地温特征（低于 0℃）定义的，活动层厚度就是地表下 0℃ 等温线所能达到的最大深度，活动层的下边界就是衔接多年冻土的上区。对于多年冻土来说，高含冰量冻土一般处于地下若干米以下，不具备升华的条件，因此冻土升华主要发生在浅层靠近地表的地段，即季节冻土表层和多年冻土活动层表层。

9. 气候与海滩作用子模块（E9）

气候资源是分布范围最广、能量形式最多的自然资源，而海滩资源则作为特殊的土地资源被人类广泛开发和利用，两者既有区别又有密切联系，相互间存在着物质和能量的交换。建立气候与海滩作用子模块指标，实现对其物质能量交换进行标准化和定量化的观测和评价，掌握两者之间的耦合作用过程和相互转化过程，为高效合理地开发利用资源和进行海岸建设提供理论和数据支撑。

气候与海滩作用子模块一级指标有 1 个，为气候与海滩作用；二级指标有 5 个，包括气温影响、热交换、蒸发作用、呼吸作用和风蚀作用；三级指标有 6 个，具体内容见表 6-27。

表 6-27 气候与海滩作用子模块

一级指标	二级指标	三级指标	指标功能	计量单位	观测频率
气候与海滩作用	气温影响	海滩地表温度	反映大气→海滩的影响	℃	1 次/1h
	热交换	土壤感热通量	反映大气→土地的热交换	W/m^2	实时观测
		土壤潜热通量	反映大气→土地的热交换	W/m^2	实时观测
	蒸发作用	土壤水分蒸发量	反映土壤→大气补充	%（m^3/m^3）	1 次/1h
	呼吸作用	土壤呼吸速率	反映土壤→大气补充	$\mu mol/（m^2 \cdot s）$	1 次/1 月
	风蚀作用	土壤风蚀量	反映大气→土地的剥蚀搬运	$g/（cm^2 \cdot 月）$	1 次/1 月

地表接受的太阳净辐射主要用于感热交换、潜热交换和土壤热流。潜热通量主要体现在水的相变过程中，感热通量主要体现在湍流式的热交换中。其中，感热通量是地表

和大气间能量交换的主要表现形式之一，与降水量、日照时数和风速等气候要素都有不同相关性（解晋等，2018）。通过对土壤感热通量和潜热通量指标的观测，可充分反映大气向土地进行热交换的过程。土壤风蚀量是判断土壤流失和荒漠化的重要指标，通过地面仪器的观测，结合遥感技术的大尺度测定，可实现风蚀季节的连续观测（赵沛义等，2008），用于反映大气对土壤的剥蚀搬运作用；土壤水分蒸发在水量平衡和能量平衡中占有重要的地位，与太阳辐射、大气温度、风速、土壤含水量与土壤水分蒸发量呈正相关，空气相对湿度对土壤水分蒸发的影响表现为负相关。通过选取土壤水分蒸发量指标，用于反映土壤对大气的物质和能量补充情况（刘丽霞等，2008）；另一个作为反映土壤对大气补充的功能指标是土壤呼吸速率，它受土壤温度、土壤湿度、降水、土壤碳氮比（C/N）等非生物因子的影响，包括植被类型、生物量以及人类活动等也会对其产生影响，在此指标基础上，进行多视角、多要素研究、评价土壤对大气的作用过程。

10. 气候与地下水作用子模块（E10）

地下水作为水循环的主要组成部分与气候变化密切相关，气候变化主要体现在气候要素变化，包括气温、湿度、气压、风、云、雾、日照、降水、太阳辐射、地表蒸发、大气稳定度、大气透明度等。影响地下水的主要气候要素是气温和降水，两者的不同组合会出现冷暖干湿交替的气候变化，从而对地下水的形成和演化产生重要影响。气候变化通过影响地下补给、地下水和地表水相互作用、水利用量而影响地下水资源。地表水对气候变化响应快速，而地下水系统的响应是很难测定的，因为其响应程度小且滞后，由于含水层对气候变化响应的时间尺度不同，往往会被忽视，而地下水的变化影响的长期性是严重的，温度和降水的变化将改变含水层的补给，导致水位下降，而地下水补给的减少不仅仅影响供水，而且影响水的质量，其潜在影响包括沿海地区的水动力平衡、含水层水的储存减少，进而导致地面沉降等问题发生（蓝盈盈，2016）。

该模块共有 8 个指标，其中一级指标有 1 个，为气候与地下水作用；二级指标有 2个，包括渗流作用和蒸发作用；三级指标有 5 个，包括降水入渗补给系数、降水入渗面积、降水入渗补给量、潜水蒸发系数和潜水蒸发量，具体内容见表 6-28。

表 6-28 气候与地下水作用子模块

一级指标	二级指标	三级指标	指标功能	计量单位	观测频率
气候与地下水作用	渗流作用	降水入渗补给系数	计算降水入渗补给量	—	—
		降水入渗面积	计算降水入渗补给量	m²	降雨时测
		降水入渗补给量	补给量：大气→地下水	m³	降雨时测
	蒸发作用	潜水蒸发系数	估算潜水蒸发量	—	—
		潜水蒸发量	消耗量：地下水→大气	m³	1 次/1d

降水入渗补给量的确定，在地下水资源评价中占有重要的地位。因为浅层地下水的资源主要来自下列三部分：降雨入渗量、地表水补给量和消耗地下水的贮存量。对于大

面积的浅层地下水资源来说，后两项所占的数量较小，而降水入渗量则占地下水资源的大部分。因此，为定量进行地下水资源评价，准确求得降雨入渗量是一个需要解决的问题。通过观测渗透面积和渗水深度可以定量计算降雨入渗量。降水入渗补给系数是降水补给地下水的数量指标，可以通过降水入渗补给量与降水量之比得到，也是地下水资源估算与大气水、地表水、地下水三者间相互转化研究中的重要水文参数。受自然因素与人为因素的综合影响，降水入渗补给系数变化较大。

潜水蒸发量是潜水层地下水向土壤水和大气水转化的一种形式，也是水资源评价中的一个重要参数。影响潜水蒸发的因素主要有气候因素、土壤、埋深和植被情况等。苏联学者阿维里扬诺夫 1963 年提出了计算潜水蒸发量的经验公式：

$$E = E_0 \left(1 - \frac{H}{H_{max}} \right)^n \qquad (7\text{-}1)$$

式中，E_0 为水面蒸发强度（或潜水埋深 H 为零时的蒸发强度）；H 为潜水埋深；H_{max} 为潜水停止蒸发深度（也称地下水极限蒸发深度）；n 为与土壤质地和植被情况有关的经验常数，一般取 $1\sim3$。

该公式认为潜水蒸发量是埋深的幂函数，被国内学者广泛应用于实际生产中，特别是在考虑蒸发影响下的排水计算式中，基本上都引入此公式来计算。该经验公式中所包含的参数通常采用经验的方法确定 H，然后将公式线性化，通过线性回归方程确定指数 n。潜水蒸发系数就是潜水蒸发量与水面蒸发量的比值，是水资源评价估算中常用的参数之一。

6.3.2　非气候相关作用过程模块

1. 地表水资源利用子模块（E11）

地表水资源是指人类可以利用的河流、湖泊、沼泽、冰川等一切地表水体的总称，通常计算的部分大多只包含其中的液态水部分，冰川水资源另做处理。而通常测量计算的地表水资源量是指河流、湖泊、冰川、沼泽等地表水的动态流量。

地表水水资源利用是指人类活动使用的地表水的水量，反映水资源利用情况的指标共有 5 个。其中，一级指标有 1 个，为地表水资源利用；二级指标有 1 个，为地表水资源利用量；三级指标有 3 个，包括湖库取水量、河渠引水量和泵站提水量，具体内容见表 6-29。

表 6-29　地表水资源利用子模块

一级指标	二级指标	三级指标	指标功能	计量单位	观测频率
地表水资源利用	地表水资源利用量	湖库取水量	反映人类利用情况	m³	实时观测
		河渠引水量	反映人类利用情况	m³	实时观测
		泵站提水量	反映人类利用情况	m³	实时观测

地表水是水循环过程中重要的组成部分，也是人类活动必不可少的淡水来源之一，同时对各地区气候、景观、地貌等至关重要。随着社会和经济的持续发展，人类活动对地表水资源的需求也与日俱增，供求矛盾凸显，而长期不合理的开发利用，会对地表水体造成不可修复的损害，更有甚者可能会造成部分地区地表水体的消失。甘肃省河西走廊地区曾经都属于天然湖泊，由于历史上长期不合理开发利用，再加上人口迅速增长，农业用水剧增，直接造成湖泊完全消失，土地沙化严重（曹珊珊和吴彦昭，2020）。时至当代，人类活动正在从多方面影响着水循环过程，水资源演变规律的变革和恶化在人类活动密集的地区尤为显著。具体包括两方面：一是人类活动从系统和结构两方面影响流域天然水循环的过程，如温室效应改变了降水和蒸发特性；二是由于水资源总量是固定的，人工取水的增加，必然导致天然水循环过程通量减少，从而水资源时空分布及其质量特性也受到影响，导致自然流域水循环的天然服务功能明显下降，并引发一系列生态环境问题。基于目前人文、经济、社会、国际河流水资源争执等复杂环境，水资源尤其是地表水资源的观测研究受到格外的重视，指标体系的研究与开发被认为是最有效的方法之一（来海亮等，2006）。

任何自然水体都不是封闭的，总存在着水量的补充和排泄的平衡关系，以河流为例，某一河段的水资源总量等于降水量加径流输入量，由于河流下游同样存在用水的需求，这样本河段可以使用的水资源量就等于总量减去蒸发的部分和下游需要使用的水量。我们通过测量这一河段的河渠取水量，与水资源使用调查结果进行比照，就可以很好地判断出本河段的水资源使用是否合理，同样也能适当推断其未来的演变趋势。

2. 地表水与土地作用子模块（E12）

此处所指的土地主要是承载水体、动植物及人类活动的地球表层部分，包括地形、地质、土壤等。地表水在径流的过程中会改变地形和地质情况，而地形和地质等因素也同时影响地表水的时空分布和水体质量特性，两者相互影响，是相辅相成的一个整体。

反映地表水和土地相互作用的指标共有 12 个，其中一级指标有 1 个，为地表水与土地作用；二级指标有 3 个，包括渗流作用、水蚀作用和地貌改造；三级指标有 8 个，具体内容见表 6-30。

表 6-30　地表水与土地作用子模块

一级指标	二级指标	三级指标	指标功能	计量单位	观测频率
地表水与土地作用	渗流作用	河床介质透水性	反映地表水→土地水分补充	—	1 次/5a
		河床坡度	反映地表水→土地水分补充	°	1 次/2a
		河床渗流速度	反映地表水→土地水分补充	m/d	1~5 次/5a
	水蚀作用	输沙量	反映流域水土流失程度	10^8t	1 次/1 月
		中值粒径	反映流域水土流失程度	mm	1 次/月
	地貌改造	河道宽度	反映河水对地貌改造程度	m	1 次/1a
		河流曲率	反映河水对地貌改造程度	m^{-1}	1~2 次/5a
		下蚀深度	反映河水对地貌改造程度	m	1~2 次/5a

地表水和土地是地球表层物质与能量储存交换的重要介质，也是人类赖以生存的空间的重要组成部分。土地作为地表水的载体，制约着地表水补给和排泄的方式及质量。地貌条件控制着河床、河谷和水系发育；海拔、坡度、切割程度直接影响径流的汇聚；土壤土质决定地表水渗流状况。比如我国著名的天山是世界干旱区独具特色的山体，它的有利地理位置和高海拔特点，使西风气流携带的水汽得以聚集，于山区形成丰沛的降水，对天山地区的自然景观形成、动植物生存及人类活动都至关重要。而同时由于天山山区地表特征复杂多变，降水的时空分布具有非常明显的差异（宁理科，2013）。

地表水的侵蚀、搬运和堆积作用能够改变固体物质的分布情况，使地表高处不断被削低，而低处不断被填高，直接形成了地表丰富的地形地貌。地表水对于土地的影响是时刻存在的，这种影响的速度也与土地的类型、形貌、土质等因素有关，如世界上著名的喀斯特地貌就是流水相对快速改变地形地貌的典型情况。

对于地表水与土地相互作用的研究，不能从单一角度出发，研究地表水和土地各自的特征和演变情况，得出的结论是片面的、不科学的。要把两者看成相互作用的一个整体，系统地分析研究其相互作用过程，主要包括地表水下渗、径流侵蚀等各个水文过程中造成土地在不同时空尺度的差异性研究，特别是使用定量化的指标研究，可以辨识不同尺度上影响土地演变的主要水文性质因子，分析土地异质性与流域水文过程的相互影响机制，更准确地描述和模拟水文过程，提高流域水体和土地相互影响演化研究的连续性和准确性。通过研究地表水和土地的相互作用，了解其耦合关系之后，才能更加全面系统地评判流域水土分布及其演变趋势，为流域地表水资源和土地资源的准确评价、合理配置和高效管理提供科学有力的依据，也能推动流域生态环境保护和社会经济可持续发展（刘昌明，2021）。

3. 地表水与地下水作用子模块（E13）

根据《水文地质术语》（GB/T 14157—1993）中相关内容，地下水是指埋藏在地表以下各种形式的重力水。地下水资源是指存在于地下可为人类所利用的水资源，是全球水资源的一部分，并且与大气水和地表水资源密切联系，它们相互影响、互相转化。既有一定的地下储存空间，又参加自然界水循环，具有流动性和可恢复性的特点。地下水资源的形成，主要来自现代和以前地质年代的降水与地表水的入渗，资源丰富程度与气候、地质条件等有关。地表水是指陆地表面上动态水和静态水的总称，亦称"陆地水"，包括各种液态的和固态的水体，主要有河流、湖泊、沼泽、冰川、冰盖等。它是人类生活用水的重要来源之一，也是水资源的主要组成部分。地表水资源主要是指地表水中可以逐年更新的淡水量，包括冰雪水、河川水和湖沼水等，通常以还原后的天然河川径流量表示其数量。

地表水与地下水作用过程观测指标共 12 个。其中，一级指标有 1 个，为地表水与地下水作用过程；二级指标有 1 个，为补给作用；三级指标有 10 个，具体内容见表 6-31。

表 6-31　地表水与地下水作用子模块

一级指标	二级指标	三级指标	指标功能	计量单位	观测频率
地表水与地下水作用	补给作用	潜水水位	判断地表水↔地下水补给关系	m	1～6 次/1a
		河渠渗漏量（上、下断面流量）	补给量/消耗量：地表水↔地下水	m^3	1 次/1a
		河渠渗漏段面积	计算补给量/消耗量：地表水↔地下水	km^2	实时观测
		湖库入渗补给量	补给量/消耗量：地表水↔地下水	m^3	实时观测
		地下水排泄量	反映地下水→地表水补充（消耗量）	m^3	实时观测
		泉水溢出量	反映地下水→地表水补充（消耗量）	m^3	实时观测
		静止地表水氢、氧同位素（D、^{18}O）	反映地表水↔地下水相互转化	‰	1～6 次/1a
		流动地表水氢、氧同位素（D、^{18}O）	反映地表水↔地下水相互转化	‰	1～6 次/1a
		浅层地下水氢、氧同位素（D、^{18}O）	反映地表水↔地下水相互转化	‰	1～6 次/1a
		深层地下水氢、氧同位素（D、^{18}O）	反映地表水↔地下水相互转化	‰	1～6 次/1a

　　地表水资源和地下水资源之间存在着密切的联系。如地表水和地下水的水量、热量和物质交换维持着河流生态系统的基本功能，对于流域的水资源管理保护有重要意义。在水质方面，该过程影响着水资源化学成分的分布和演变规律；在水量方面，地下水是一些流域水文循环和水资源转化的主导因素，在降水稀少地区，河床渗透对地下水资源补给占有较大比例，枯水期地下水含水层以基流的形式向河道排泄从而保证河道水资源流量；同时，地下水水位也是判断地表水与地下水补给关系的重要指标。

　　4. 土地与植被作用过程共性子模块（E14）

　　为科学认识土地资源和植被资源的演化变化规律，不仅要对资源本身属性进行观测，还应该对其耦合关系进行研究。土壤与植被之间存在密切的相互反馈作用，土壤为植物提供根系的生长环境，为其保温、保湿，同时能够辅助根部对植株的固定作用。土壤是很好的"储藏室"，其中可以储存水分、空气、矿质元素，这些是植物生长所必需的物质基础，可以直接从土壤中摄取。关于"植物-土壤"相互反馈作用的性质、过程与机制主要表现在两个方面：一方面，土壤通过根际界面为植物水分和养分吸收与转运提供必需的土壤理化环境及生物环境，从而调控植物生长、凋落物生产及植被群落演替（Crawford et al.，2019；王邵军，2020）；另一方面，植物能够对土壤产生反馈调控，通过"凋落物-土表"界面输入地上凋落物并进行分解，通过"根-土"界面输入地下掉落物，增加土壤有机质，促进土壤形成与发育，为土壤生物生长提供有机养分（Schittko et al.，2016；Oldfield et al.，2018）。

　　该模块共有 9 个指标，其中一级指标有 1 个，为土地与植被作用过程；二级指标有 3 个，分别为供给水分、呼吸作用和保育作用；三级指标有 5 个，包括根系茎流值、根系分布形态、根际微生物活性、根系呼吸速率和枯落物持水量，具体内容见表 6-32。

表 6-32 土地与植被作用过程共性子模块

一级指标	二级指标	三级指标	指标功能	计量单位	观测频率
土地与植被作用过程	供给水分	根系茎流值	反映土壤→植物提供水分	mm	生长季实时观测
		根系分布形态	反映土壤→植物提供水分	—	生长季实时观测
		根际微生物活性	反映土壤→植物促进生长	—	1 次/1a
	呼吸作用	根系呼吸速率	反映碳排放中根系的贡献率	$mg(\mu L)/(h\cdot g)$	实时观测
	保育作用	枯落物持水量	反映植物→土壤保育、涵养水分	t/hm^2	1 次/1 周

　　植物与土壤在根际界面上发生复杂的相互反馈过程（王邵军等，2019）。在植物生长过程中，根系依赖根际界面提供土壤物理环境、养分环境与生物环境，植物得以从土壤溶液中吸收水分和养分（Hardie，1985）。植物主要通过根际界面进行水分的吸收。植物对水分的吸收是一个发生在根表面和紧邻土壤尺度上复杂的物理、生物化学及生态学相互反馈过程，这种土壤的水分供给作用可由根系茎流值、根系分布形态和土地类别及根际微生物活性指标来表征。

　　经研究表明，根系是植物吸水的主要器官，但并不是根的各部位都能吸水。事实上，根的吸水作用主要在根尖进行。植物根系吸水主要靠两种方式：一种是被动方式，另一种是主动方式。被动吸水主要是当植物在进行蒸腾作用时引起"蒸腾牵引力"，该力可通过植物茎部导管传递到根系，使根系从土壤中进行吸水。主动吸水主要是由根压引起的，根压对植物导管中的水有一种向上的驱动作用，从而产生吸水作用（王春霞，2007）。同时，汪明霞和王卫东（2012）研究出玉米根系吸水的机制，以影响作物蒸腾强度、土壤含水率和根系分布密度作为影响根系吸水的因子，结合水分运输的动力学理论得出根系吸水率，在控制性隔沟交替灌溉条件下建立起根系吸水的二维模型（李晓意，2017）。基于上述认识，可选用根系茎流值和根系的分布形态指标来表征植物与土壤间的吸水作用。

　　根系作为植株地下部的活跃代谢中心，与整个植物体的生命活动密不可分，而根系活力是根系的吸收、合成和氧化还原能力的综合体现，可以客观反映根系的生命活动。研究表明，土壤酶与土壤微生物一起推动着土壤的代谢过程（姬兴杰等，2008；邱晓丽等，2019）。因此，选用根际微生物活性指标表征根株地下部的活跃代谢程度，进而反映根系吸收能力的程度。

　　植物对土壤存在反馈调控作用。植物根系呼吸在广义上是指根及其衍生的呼吸，即活根组织呼吸、共生菌根呼吸和参与分解根分泌物及根际中刚死亡根组织的微生物的呼吸；而严格意义上只是活根直接向环境释放 CO_2 的过程，是根系为了维持新陈代谢和维持呼吸、生长及进行营养活动而获得能量的真实的呼吸（Hardie，1985）。根系的呼吸作用集物质代谢与能量代谢为一体，构成了地下部代谢的中心（李志霞等，2011）。植物根系通过根际界面以分泌方式向根周围释放各种化合物即根系分泌物，具有强烈的根际效应，从而改变土壤理化性质、微生物及动物性质，最终影响植物的水分和养分吸收及生长发育。根系的这种释放化合物的行为可以认为是植物的呼吸作用，具体在观测中可以用根系呼吸速率这个指标来表征。

　　枯落物（枯枝落叶）是指覆盖在植被矿质土壤表面上的新鲜、半分解的植物落物，它是植物地上部各器官的枯死、脱落物的总称。枯落物是大气与矿质土壤、植物根系间进行物质与能量交换的另一个重要介质。在影响林地土壤的水热状况、通气状况、营养元素的循环、林地生物种群的类型与数量、林地水文生态特性等方面，以及在整个土壤—植物—大气连续系统中，枯落物层均起着重要的作用（苏宁虎，1984；黄宇等，2004）。臧廷亮和张金池（1999）在总结过去研究成果的基础上，综述了森林枯落物涵养水源、强化土壤抗蚀性状、保持水土等方面的功能，研究也认可枯落物在保育功能上的重要性。

　　5. 土地与林木作用子模块（E15）

　　土壤与林木之间存在的相互反馈作用可从两方面进行理解。一方面，土壤为林木提供根系必需的生长环境，供给水分及养分；另一方面，林木为土壤输入地下凋落物，增加土壤有机质，促进土壤形成与发育，为土壤生物生长提供有机养分和起到保育土壤的作用。

　　该模块共有 13 个指标，其中一级指标有 1 个，为土地与林木作用；二级指标有 2 个，为供给水分和保育作用；三级指标有 10 个，包括树干茎流量、树干液流密度、枝干重、叶干重、花果干重、皮干重、杂物干重、苔藓地衣干重、落叶层厚度和腐殖质厚度，具体内容见表 6-33。

表 6-33　土地与林木作用子模块

一级指标	二级指标	三级指标	指标功能	计量单位	观测频率
土地与林木作用	供给水分	树干液流密度	反映土地→林木提供水分、植物体内水分传输状况、影响蒸腾作用	$m^3/(m^2 \cdot h)$	每次降水时观测
		树干径流量	反映土地→林木提供水	mm	连续观测
	保育作用	枝干重	反映林木提供生境情况、保育土壤功能	g/m^2	1 次/a
		叶干重	反映林木提供生境情况、保育土壤功能	g/m^2	1 次/a
		花果干重	反映林木提供生境情况、保育土壤功能	g/m^2	1 次/a
		皮干重	反映林木→土壤保育	g/m^2	1 次/a
		杂物干重	反映林木→土壤保育	g/m^2	1 次/a
		苔藓地衣干重	反映林木提供生境情况	g/m^2	1 次/a
		落叶层厚度	反映林木→土壤保育	cm	1 次/月
		腐殖质厚度	反映林木→土壤保育	cm	1 次/a

　　树干径流是指林冠截持的降雨经树叶、树枝沿树干流向地面的雨水。树干径流量是利用水量平衡法计算林冠截留量的重要分量，它虽在水量平衡中占的比例不大，却能减少雨滴击溅侵蚀，同时携带淋洗树冠得到的养分直接进入林木根际区，促进森林水分和养分再循环，对树木生长起着相当重要的作用（刘世海等，2002；田大伦等，2002）。尤

其在干旱、半干旱地区，径流水对于维持树木体内水分平衡、减缓干旱缺水对树木生长造成的影响、提高降水资源的有效利用率具有重要的作用（董世仁等，1987；万师强和陈灵芝，2000），甚至是某些树种适应干旱瘠薄之地条件的重要机理之一（周晓峰，1994；周择福等，2004）。

国内外相关研究表明，通过测定树干液流密度可以较准确地估算植物蒸腾耗水量，除此之外，还能揭示树木生长变化。而热技术法是测量乔木个体蒸腾耗水规律的主要方法，其中 Granier 热扩散探针法以其简单高效的特点得到广泛的应用（张涵丹等，2015）。

林木土壤保育功能是指森林中活地被层和凋落物层截留降水，降低水滴对表土的冲击和地表径流的侵蚀作用，同时林木根系固持土壤崩塌泄流，减少土壤肥力损失以及改善土壤结构的功能（国家林业局，2008）。因此，这种保育功能可以理解为林木保护土壤功能、减少土壤流失功能和林木培育土壤的功能（王顺利等，2011）。

很多研究发现，一方面，森林可以通过林冠层、枯枝落叶层对大气降水进行截留，减少了进入林地的雨量和雨强，从而直接影响土壤侵蚀的主要动力和地表径流的形成及其数量，尤其是林地内的枯枝落叶层，因为它不仅能吸收、涵养大量的水分，而且增加了地表层的粗糙度，影响地表径流的流动，延缓径流的流出时间，有效地起到了保护土壤和减少土壤流失的作用（李培林等，2003；龙会英和张德，2012）。另一方面，森林能够借助光合作用吸收土壤和大气中的无机物，合成有机物，然后它的凋落物通过土壤微生物分解，培育土壤，使土壤肥力提高（夏江宝等，2004）。基于此，选用了枝干重、叶干重、花果干重、皮干重、杂物干重、苔藓地衣干重、落叶层厚度和腐殖质厚度等指标来表征林木保育功能。

6. 土地与草作用子模块（E16）

草地是中国最大的生态系统类型，不仅为畜牧业提供大量牧草资源，其在生物保育、防风固沙及水土保持等方面有重要的生态功能（白永飞和陈世苹，2018）。研究土地资源及其覆盖的草资源间的作用过程，掌握它们之间的相互影响和关系，如通过观测枯草和杂物干重指标计算其生物量，结合氮、磷、钾等元素含量，反映草对土壤的改良和保育作用。具体内容见表 6-34。

表 6-34　土地与草作用子模块

一级指标	二级指标	三级指标	指标功能	计量单位	观测频率
土地与草作用	保育作用	枯草干重	反映草→土壤保育	g/m^2	1 次/生长季
		杂物干重	反映草→土壤保育	g/m^2	

7. 土地与作物作用子模块（E17）

土壤是作物生长的基地，掌握土壤和作物的耦合关系，如何改良土壤更好地促进作物生长提高作物产量是发展农业生产的重要环节。

土地与作物作用模块观测指标共 6 个，其中包括土地与作物作用 1 个一级指标；供给水分、保育作用 2 个二级指标；茎流量、杂物干重和腐殖质厚度 3 个三级指标，具体内容见表 6-35。

表 6-35　土地与作物作用子模块

一级指标	二级指标	三级指标	指标功能	计量单位	观测频率
土地与作物作用	供给水分	茎流量	反映土壤→作物提供水分	mm	实时观测
	保育作用	杂物干重	反映作物→土壤保育	g/m²	1 次/生长季
		腐殖质厚度	反映作物→土壤保育	cm	

作物的蒸腾作用在其生命过程中发挥着重要作用（刘艳伟等，2010），土壤含水量、降水量等对作物茎流量影响明显（王力和王艳萍，2013；杨强等，2016）。茎流量反映土壤对作物提供的水分，通过对该指标长期观测，可定量评价土地与作物资源的水分供给过程。结合作物生长与土壤关系密切的特点，对杂物干重、土壤腐殖质厚度指标的观测，定量评价土壤肥力和改良过程，反映作物对土壤的保育作用。

8. 土地与地下水作用子模块（E18）

土地是地球表面特定地段，由气候、土壤、水文、地貌、地质、动物、植物、微生物、人类活动和结果等要素组成，内部存在大量物质、能量、信息交换流通，是空间连续、性质随时间不断变化的一个自然和社会经济综合体。地下水是指赋存于地面以下岩石空隙中的水，狭义上是指地下水面以下饱和含水层中的水。地下水在土地中物质和能量的转移作用属于渗流作用。

本模块一级指标有 1 个，为土地与地下水作用；二级指标有 1 个，为渗流作用；三级指标有 3 个，包括壤中水径流量、土壤水氢、氧同位素（D、^{18}O）和地下水向地表渗出量，具体内容见表 6-36。

表 6-36　土地与地下水作用子模块

一级指标	二级指标	三级指标	指标功能	计量单位	观测频率
土地与地下水作用	渗流作用	壤中水径流量	反映土壤水分动态	—	1～6 次/1a
		土壤水氢、氧同位素（D、^{18}O）	反映土壤水分动态、转化情况	—	1～6 次/1a
		地下水向地表渗出量	消耗量：地下水→地表	m³	1～2 次/1a

壤中水径流量反映土壤水分运动状态，壤中流的产生取决于上层的下渗率。当雨强小于上层下渗率时，只要上层下渗率大于下层下渗率，形成临时饱和带，仅产生壤中流。当雨强最大、下层下渗率最小时，既有地面径流，又有壤中流。

土壤水氢、氧同位素（D、^{18}O）反映降水在土壤中的留存情况，目的在于掌握水资源的去留趋势。地下水向地表渗出量反映壤中水的流出量，是水资源平衡的重要方面。

9. 冰川与地表水、地下水作用子模块（E19）

冰川与地表水、地下水是水资源存在的几种重要形态，了解并观测三者间作用关系有利于加深对水资源平衡问题的认识和掌控。

本模块一级指标有 1 个，即冰川与地表水、地下水作用；二级指标有 1 个，为融化作用；三级指标有 4 个，包括冰川融水截面积、冰川融水流速、冰川融水水位和冰川融水流向，具体内容见表 6-37。

表 6-37　冰川与地表水、地下水作用子模块

一级指标	二级指标	三级指标	指标功能	计量单位	观测频率
冰川与地表水、地下水作用	融化作用	冰川融水截面积	计算融水径流量、反映冰川消融情况	m^2	1 次/1 月
		冰川融水流速	计算融水径流量、反映冰川消融情况	m/s	1 次/1 月
		冰川融水水位	反映冰川融水量	m	1 次/1 月
		冰川融水流向	反映冰川融水流动规律	—	1 次/1a

以往由于缺乏实地观测资料，通过遥测、反演等方法获得的数据无法进行验证，影响了人们对某区域冰川水文过程的正确认识。事实上，冰川与地表水、地下水作用的观测具有重要意义，以喜马拉雅地区冰川为例，基于实测水文气象数据开展冰川水文研究，一方面可加深人们对气象-冰川-水文三者相互作用的理解；另一方面也可预估该地区未来气候变化情景下的径流变化趋势，科学和现实意义并存（刘伟刚等，2012）。冰川地下水特征主要包括地下水补给、地下水排泄、地下水径流三个方面；分析冰川地下水的赋存条件、含水层富水性和补、径、排等特征，了解区域冰川地下水的总体情况，能够为进一步研究、勘探及开发冰川地下水资源提供基础依据（韩芳芳等，2012）。

观测冰川地下水资源的变化情况，预测其未来变化趋势，有助于我们更好地把握气候变化对区域的水资源、生态、环境的影响，对流域水资源管理和相关政策制定、旱涝灾害、农业灌溉化与减少水文波动导致的环境问题等均有一定的指导意义，对研究流域尺度的水文-生态过程对气候变化的响应机制也有一定的借鉴意义（许朋琨和张万昌，2013）。

10. 冰川与土地、冻土作用子模块（E20）

冰川与土地、冻土间存在热量传递作用，观测其热量传递过程对加强冰川冻土退化的认识具有重要意义。

本模块一级指标有 1 个，为冰川与土地、冻土作用；二级指标有 1 个，为热量传递；三级指标有 1 个，为热传导率，具体内容见表 6-38。

表 6-38　冰川与土地、冻土作用子模块

一级指标	二级指标	三级指标	指标功能	计量单位	观测频率
冰川与土地、冻土作用	热量传递	热传导率	反映冰川↔土地、冻土间热量传递情况	W/(m·K)	1 次/1 季

　　土地土壤吸收一定热量后，一部分用于它本身升温，一部分传送给其邻近土层。土壤具有将所吸收热量传导到邻近土层的性能，称为导热性。其大小用导热率表示，其表示 1cm 厚度的土层，温度差为 1℃时，单位为 J/（cm·s·℃）。导热率可以通过测量一段时间内土壤或其他物质两端的温度和热量，结合土壤面积进行运算。

　　土壤的热物理性质是决定土壤热状况的内在因素，反映土壤能量状态及传递、存储热量的能力。其指标主要包括土壤导热系数、土壤热容量和土壤热扩散率。其中导热系数是土壤热物理性质的重要参数之一，它是下垫面土壤热量输送和存贮的控制因子。陆面作为大气运动的重要下边界条件之一，与大气之间时刻进行着动量、热量以及物质的交换。陆面状况异常通过改变地-气系统间的能量交换，从而影响大气环流和气候（谭周进等，2006）。在陆面过程模式中，热传导率是模式输入量中最重要的参数之一。

　　冻土作为一类特殊的土壤，有很特殊也很复杂的物理过程。其中冰的存在不仅改变了土壤的水力学性质、影响液态水在土壤表面和内部的迁徙和分配（Jame and Norum，1980），还改变了土壤的热力学性质，影响土壤热通量的上下输送，改变大气辐射能强迫的日波和年波在土壤中的传播，因为与非冻结土壤相比，冻土的热传导率高、热容量小。

　　11. 海水与海滩作用子模块（E21）

　　近岸海水对于海岸的作用，主要研究的是地形和驱动泥沙运动的水动力间互反馈作用下的变化过程。其中海滩地形与波浪、风、潮位、海滩地下水位和沉积物都不同程度地影响着两者的相互作用，塑造侵蚀海岸的主要动力因素是波浪、潮汐和潮流，高纬地区受冰冻的侵蚀，湿热地区则受地表水和化学风化作用的侵蚀，侵蚀的程度受海岸岩性的抗蚀能力制约。结构致密、坚硬的岩石海岸，抗蚀能力强，但因裂隙和节理的发育，可形成各种海岸地貌形态。

　　海岸环境资源保护开发利用是人类解决人口增长、陆地资源枯竭、环境污染和经济可持续发展的一个重要战略选择。近些年来，海平面上升、海况异常、海岸侵蚀等问题导致沿海的生活环境迅速改变，无论是海水的自然侵蚀，还是存在人类活动的因素破坏。因此，掌握海水和海滩的相互作用过程，可以及时为保护土地资源、预防海水侵蚀灾害和部署城市规划建设提供科学依据。

　　海水与海滩作用模块一级指标有 1 个，为海滩与海水作用；二级指标有 2 个，包括水蚀作用和地貌改造；三级指标有 5 个，具体内容见表 6-39。

表 6-39　海水与海滩作用子模块

一级指标	二级指标	三级指标	指标功能	计量单位	观测频率
海滩与海水作用	水蚀作用	河流入海口输沙量	反映水土流失程度	万 t	1 次/1 月
		岸线侵蚀长度	反映海水对海滩的侵蚀情况	m	1 次/2a
		侵蚀面积	反映海水对海滩的侵蚀情况	m²	1 次/2a
		最大侵蚀宽度	反映海水对海滩的侵蚀情况	m	1 次/2a
	地貌改造	海滩宽度	反映海水对海滩地貌改造程度	m	1 次/2a

通过选取五个典型功能指标，全面反映海水对海滩的作用过程。河流入海口输沙量指标是指一定时段内通过河道某断面的泥沙数量，其大小主要决定于水量的丰枯和含沙量大小，通过观测该指标可以定量评价水土流失程度。从海岸侵蚀的时空变化角度进行海岸动态侵蚀研究，主要分为三类：①小尺度海岸侵蚀——岸滩对风暴浪的响应；②中尺度海岸侵蚀——岸滩剖面年际变化；③大尺度海岸侵蚀——近岸水动力长期作用下海岸线形态的大尺度响应（于得水等，2019）。通过利用无人机载激光雷达观测岸线侵蚀长度和最大侵蚀宽度指标，可以表征两者作用在一维空间两个方向的作用强度，侵蚀面积则是在二维空间中直观地体现其侵蚀广度，以上三个指标共同反映了海水对海滩的侵蚀情况，可以完成高效率、高精度的定量观测（米歇尔·阿森鲍姆和彭嘉婷，2019）。同时，根据对比数据的变化情况可以预测、评价侵蚀发展方向和侵蚀的剧烈程度演化。海岸线以下则为海滩，海滩的上限为"组成物质或地形有显著变化的地带"，如永久性植物生长带、沙丘或海蚀崖处，海滩作为一种特殊的土地资源在生产生活中被广泛开发和利用。因此，通过对海滩宽度指标的观测，可以反映海水对海滩地貌改造程度，并且通过连续、稳定的观测，可以及时掌握海岸蚀退情况，为海滩建设规划提供决策依据。

12. 地下水资源利用子模块（E22）

地下水资源利用关系到水资源的平衡和价值实现。在保持水资源平衡的前提下，观测地下水利用对于水资源的合理使用和价值效益最大化实现具有重要意义。

本模块一级指标有 1 个，为地下水资源利用；二级指标有 2 个，为利用量、补给作用；三级指标有 6 个，包括开采量、土地灌溉面积、土地灌溉定额、灌溉水入渗补给系数、人工回灌补给量和灌溉入渗补给量，具体内容见表 6-40。

表 6-40 地下水资源利用子模块

一级指标	二级指标	三级指标	指标功能	计量单位	观测频率
地下水资源利用	利用量	开采量	消耗量	m^3	1 次/半月
		土地灌溉面积	计算耕地灌溉水入渗补给量	m^2	1 次/半月
		土地灌溉定额	计算耕地灌溉水入渗补给量	m^3	1 次/半月
	补给作用	灌溉水入渗补给系数	计算耕地灌溉水入渗补给量	—	1 次/半月
		人工回灌补给量	补给量	m^3	1 次/半月
		灌溉入渗补给量	补给量	m^3	1 次/半月

开采量反映人类生产生活对地下水的消耗量，土地灌溉面积和土地灌溉定额可用于计算耕地灌溉水入渗补给量。

近几十年来，随着我国社会经济的高速发展，地下水的开采量也在逐年递增，其中最主要用途为农业土地灌溉用水，通过对土地灌溉面积、定额数据的观测，可准确把握地下水开采量的变化趋势。同时通过灌溉入渗补给量、人工回灌补给量等指标，了解掌握地下水资源的补给作用情况，综合相关地下水资源指标，科学、高效开发地下水，实现人与自然的可持续发展。

　　它们之间关系为利用量等于开采量和灌溉量之和，其中灌溉量等于灌溉面积乘以灌溉定额；灌溉入渗补给量和人工回灌补给量反映了补给量。补给作用量等于灌溉入渗量加人工回灌补给量，而灌溉入渗补给量又等于灌溉面积乘以灌溉水入渗补给系数。

参 考 文 献

阿维里扬诺夫. 1963. 防治灌溉土地盐渍化的水平排水设施. 娄溥礼译. 北京：中国工业出版社.

安鑫龙, 李雪梅, 徐春霞, 等. 2010. 大型海藻对近海环境的生态作用. 水产科学, 29（2）：115-119.

白永飞, 陈世苹. 2018. 中国草地生态系统固碳现状、速率和潜力研究. 植物生态学报, 42（3）：261-264.

包秀红. 2016. 镶黄旗气候要素对牧业的影响分析. 自然科学（文摘版）,（2）：192.

蔡立哲, 马丽, 高阳, 等. 2002. 海洋底栖动物多样性指数污染程度评价标准的分析. 厦门大学学报：自然科学版, 41（5）：641-646.

曹珊珊, 吴彦昭. 2020. 甘肃省黑河地表水资源时空分布变化研究. 地下水, 42（2）：150-152.

陈吉, 赵炳梓, 张佳宝, 等. 2010. 主成分分析方法在长期施肥土壤质量评价中的应用. 土壤, 42（3）：415-420.

陈艳华, 张万昌, 雍斌. 2007. 基于 TIVI 的辐射传输模型反演叶面积指数可行性研究. 国土资源遥感, 72（2）：44-49.

崔素芳. 2015. 环境变化下大沽河流域地表水-地下水联合模拟与预测. 济南：山东师范大学.

丹宇卓, 石晶明, 李心怡, 等. 2019. 基于改进的像元二分模型估测郁闭度. 北京林业大学学报, 41（6）：35-43.

董世仁, 郭景唐, 满荣洲. 1987. 华北油松人工林的透流、干流和树冠截留. 北京林业大学学报, 9（1）：58-67.

冯卫兵, 李冰, 王铮, 等. 2008. 二维沙质海滩剖面形态试验研究. 海洋通报, 2008（5）：110-115.

宫立新. 2014. 山东半岛东部海滩侵蚀现状与保护研究. 青岛：中国海洋大学.

宫立新, 杨燕雄, 张甲波, 等. 2014. 海滩原位监测技术及应用. 海洋地质前沿, 30（3）：47-55.

国家标准化管理委员会. 2002. 风电场风能资源评估方法（GB/T 18710—2002）. 北京：中国标准出版社.

国家林业局. 2008. 森林生态系统服务功能评估规范.

韩芳芳, 师德扬, 郑勇. 2012. 慕士塔格峰西北侧一带冰川地下水特征. 西部探矿工程, 24（6）：175-177.

何玉洁, 宜树华, 郭新磊. 2017. 青藏高原含砂砾石土壤导热率实验研究. 冰川冻土, 39（2）：343-350.

贺勇, 兰再平, 孙尚伟, 等. 2017. 滴灌条件下杨树幼林树高、材积、生物量和 N、P、K 积累量模型研究. 中南林业科技大学学报, 37（1）：78-84.

黄莉, 刘晓煌, 刘玖芬, 等. 2021. 长时间尺度下自然资源动态综合区划理论与实践研究——以青藏高原为例. 中国地质调查, 8（2）：109-117.

黄蓉, 杨永华, 张建旗, 等. 2016. 兰州市荒山植物群落结构及优势种调查. 干旱区资源与环境, 30（6）：129-135.

黄兴成, 李渝, 蒋太明, 等. 2020. 贵州赤水河流域植被指数时空变异研究. 西南大学学报, 42（3）：139-145.

黄宇, 汪思龙, 冯宗炜, 等. 2004. 不同人工林生态系统林地土壤质量评价. 应用生态学报, 15（12）：2199-2205.

姬兴杰, 熊淑萍, 李春明等. 2008. 不同肥料类型对土壤酶活性与微生物数量时空变化的影响. 水土保持学报, 22（1）：123-127.

姜建军. 2005. 以人为本切实加强地下水饮用水源的保护. 北京：2005 中国饮用水行业高层论坛.

姜正龙, 王兵, 姜玲秀, 等. 2020. 中国海岸带自然资源区划研究. 资源科学, 42（10）：1900-1910.

焦克勤,井哲帆,成鹏等.2009.天山奎屯河哈希勒根51号冰川变化监测结果分析.干旱区地理,32(5):733-738.

井哲帆,叶柏生,焦克勤,等.2002.天山奎屯河哈希勒根51号冰川表面运动特征分析.冰川冻土,(5):563-566.

柯丽娜,王权明,孙新国,等.2013.基于可变模糊识别模型的海水环境质量评价.生态学报,33(6):1889-1899.

柯欣,岳巧云,傅荣恕,等.2002.浦东滩涂中型土壤动物群落结构及土质酸碱度生物评价分析.动物学研究,2002(2):129-135.

来海亮,汪党献,吴涤非.2006.水资源及其开发利用综合评价指标体系.水科学进展,2006(1):95-101.

赖明,吴淑玉,张海燕,等.2021.基于综合区划的中国西南地区自然资源动态变化特征分析.中国地质调查,8(2):83-91.

蓝盈盈.2016.議江三角洲地下水与地表水交互关系及其生态效应.武汉:中国地质大学(武汉).

李洪泉,刘岳华,刘刚,等.2018.草原生态载畜量测算核定方法研究.草地学报,26(6):1490-1496.

李静鹏,徐明锋,苏志尧,等.2014.不同植被恢复类型的土壤肥力质量评价.生态学报,34(9):2297-2307.

李培林,于海俊,张英内.2003.蒙古大兴安岭林区森林保育土壤价值的探讨.内蒙古林业调查设计,26(4):44-45.

李晓意.2017.植物根系吸水机理的研究进展.教育现代化,1(4):203-204.

李志霞,秦嗣军,吕德国,等.2011.植物根系呼吸代谢及影响根系呼吸的环境因子研究进展.植物生理学报,47(10):957-966.

林晓鹏.2006.卫星遥感在海洋监测中的应用.福建水产,(1):58-60.

刘昌明.2021.加强水在自然资源要素耦合作用中的观测研究探究山水林田湖草生命共同体统一管理.中国地质调查,8(2):1-3.

刘畅,邢兆凯,刘红民,等.2014.辽西低山丘陵区不同农林复合模式土壤质量评价.土壤通报,45(5):1049-1053.

刘丽霞,王辉,孙栋元,等.2008.绿洲农田防护林系统土壤蒸发特征研究.干旱区资源与环境,(1):162-166.

刘梦云,安韶山,常庆瑞,等.2005.宁南山区不同土地利用方式土壤质量评价方法研究.水土保持研究,12(3):41-43.

刘世海,余新晓,于志民,等.2002.密云水库北京集水区人工水源保护林降水化学性质研究.水土保持学报,16(1):100-103.

刘伟刚,任贾文,刘景时,等.2012.喜马拉雅山珠峰绒布冰川流域径流模拟.冰川冻土,34(6):1449-1459.

刘艳伟,朱仲元,乌云,等.2010.浑善达克沙地天然植被蒸散量两种计算方法的比较.农业机械学报,41(11):84-88.

刘占锋,傅伯杰,刘国华,等.2006.土壤质量与土壤质量指标及其评价.生态学报,26(3):901-912.

刘镇盛,杜明敏,章菁.2013.国际海洋浮游动物研究进展.海洋学报(中文版),35(4):1-10.

龙会英,张德.2012.七种热带牧草生物量的测定及持水能力研究.热带农业科学,32(3):1-5.

卢爱刚.2013.全球变暖对中国区域相对湿度变化的影响.生态环境学报,(8):1378-1380.

鲁春霞,谢高地,成升魁,等.2009.中国草地资源利用:生产功能与生态功能的冲突与协调.自然资源学报,24(10):1685-1696.

路璐,朱立新,岑况,等.2012.大气干湿沉降样品收集方法及应用实例.矿床地质,(S1):1157-1158.

米歇尔·阿森鲍姆,彭嘉婷.2019.无人机载激光雷达在监测海岸侵蚀方面的应用——海岸线地形测量.中国测绘,2019(3):80-82.

南卓铜，黄培培，赵林. 2013. 青藏高原西部区域多年冻土分布模拟及其下限估算. 地理学报，68（3）：318-327.

宁理科. 2013. 地形地貌对天山山区降水的影响研究. 石河子：石河子大学.

牛兆君，张喜发，冷毅飞. 2009. 大兴安岭多年冻土起始冻结温度测试研究. 低温建筑技术，31（6）：86-87.

裴小龙，韩小龙，钱建利，等. 2020. 自然资源综合观测视角下的土壤肥力评价指标. 资源科学，42（10）：1953-1964.

彭金凤. 2006. 奇妙的海发光现象. 地球，2006（6）：21-22.

秦大河，周波涛，效存德. 2014. 冰冻圈变化及其对中国气候的影响. 气象学报，72（5）：869-879.

秦奇，刘晓煌，孙兴丽，等. 2021. 中美两国对地系统观测比较分析及对中国的启示. 中国地质调查，8（2）：8-13.

邱晓丽，周洋子，董莉等. 2019. 生物有机肥对马铃薯根际土壤生物活性及根系活力的影响. 干旱地区农业研究，37（3）：162-169.

全国科学技术名词审定委员会. 2008. 资源科学技术名词. 北京：科学出版社.

沈宏，徐志红，曹志洪. 1999. 用土壤生物和养分指标表征土壤肥力的可持续性. 土壤与环境，8（1）：31-35.

沈永平，王国亚，丁永建，等. 2009. 百年来天山阿克苏河流域麦茨巴赫冰湖演化与冰川洪水灾害. 冰川冻土，31（6）：993-1002.

石洪源，郭佩芳. 2012. 我国潮汐能开发利用前景展望. 海岸工程，（1）：76-84.

苏宁虎. 1984. 森林枯落物的水文作用研究概况. 陕西林业科技，4：85-89.

孙波，赵其国，张桃林，等. 1997. 土壤质量与持续环境：Ⅲ. 土壤质量评价的生物学指标. 土壤，（5）：225-234.

孙军，薛冰. 2016. 全球气候变化下的海洋浮游植物多样性. 生物多样性，24（7）：739-747.

孙璐，黄楚光，蔡伟叙，等. 2014. 广海湾海浪要素的基本特征及典型台风过程的波浪分析. 热带海洋学报，（3）：17-23.

谭术魁，陈莹. 2011. 土地资源学. 上海：复旦大学出版社.

谭周进，李倩，陈冬林，等. 2006. 稻草还田对晚稻土微生物及酶活性的影响. 生态学报，2006（10）：3385-3392.

陶征楷. 2014. 上海市地表水体中微量金属分布特征及其生态风险评价. 上海：华东师范大学.

田大伦，项文化，杨晚华. 2002. 第2代杉木幼林生态系统水化学特征. 生态学报，22（6）：859-865.

田立德，姚檀栋. 2002. 青藏高原那曲河流域降水及河流水体中氧稳定同位素研究. 水科学进展，13（2）：206-210.

万师强，陈灵芝. 2000. 东灵山地区大气降水特征及森林树干茎流. 生态学报，20（1）：61-67.

汪明霞，王卫东. 2012. 控制性隔沟交替灌溉玉米根系吸水模型的试验研究. 灌溉排水学报，5：132-135.

王崇嶽. 2000. 沿海城市海水资源的综合开发和利用. 中国氯碱，（10）：43-45.

王春霞. 2007. 植物根系吸水研究. 山西水力，（2）：85-88.

王华，黄宇，汪思龙，等. 2009. 中亚热带区域几种典型生态系统土壤质量评价Ⅱ不同生态系统对土壤质量的影响. 生态环境学报，18（3）：1107-1111.

王力，王艳萍. 2013. 黄土塬区苹果树干液流特征. 农业机械学报，44（10）：152-158+151.

王琦. 2017. 区域冬小麦籽粒蛋白含量遥感预测研究. 泰安：山东农业大学.

王邵军. 2020. "植物-土壤"相互反馈的关键生态学问题：格局、过程与机制. 南京林业大学学报，44（2）：1-9.

王邵军，李霁航，陆梅，等. 2019. "AM真菌-根系-土壤"耦合作用机制研究进展. 中南林业科技大学学报，39（12）：1-9.

王顺利，刘贤德，王建宏，等. 2011. 甘肃省森林生态系统保育土壤功能及其价值评估. 水土保持学报，

25（5）：35-39.

王银学，赵林，李韧，等.2011.影响多年冻土上限变化的因素探讨.冰川冻土，33（5）：1064-1067.

王占坤.2003.海水资源综合利用现状研究.海洋信息，（1）：17-20.

王仲波.1992.两种蒸发量观测对比及相关要素分析与模型.甘肃气象，1992（1）：33-35+46.

夏江宝，杨吉华，李红云，等.2004.山地森林保育土壤的生态功能及其经济价值研究——以山东省济南市南部山区为例.水土保持学报，18（2）：97-100.

解晋，余晔，刘川，等.2018.青藏高原地表感热通量变化特征及其对气候变化的响应.高原气象，37（1）：28-42.

谢自楚，刘潮海.2010.冰川学导论.上海：上海科学普及出版社.

邢露如，林明利，李松海，等.2014.海洋噪声.人与生物圈，（2）：36-37.

熊毅，李庆逵，龚子同，等.1987.中国土壤.北京：科学出版社.

徐建明，张甘霖，谢正苗，等.2010.土壤质量指标与评价.北京：科学出版社.

徐敏云，贺金生.2014.草地载畜量研究进展：概念、理论和模型.草业学报，23（3）：313-324.

徐敏云，高立杰，李运起.2014.草地载畜量研究进展：参数和计算方法.草业学报，23（4）：311-321.

徐向舟，张红武，朱明东.雨滴粒径的测量方法及其改进研究.中国水土保持，2004（2）：26-29.

许明祥，刘国彬，赵允格.2005.黄土丘陵区侵蚀土壤质量评价.植物营养与肥料学报，（3）：285-293.

许朋琨，张万昌.2013.GRACE 反演近年青藏高原及雅鲁藏布江流域陆地水储量变化.水资源与水工程学报，24（1）：23-29.

杨建平，杨岁桥，李曼，等.2013.中国冻土对气候变化的脆弱性.冰川冻土，35（6）：1436-1445.

杨强，查天山，贾昕，等.2016.花棒茎流对降雨的响应.应用生态学报，27（3）：761-768.

杨忠平，卢文喜，龙玉桥.2009.长春市城区重金属大气干湿沉降特征.环境科学研究，22（1）：28-34.

殷冬琴.2018.风电场风资源评估及利用情况分析.轻工科技，（11）：65-67.

于得水，单瑞，梅赛，等.2019.基于 GNSS-RTK 技术的高精度海岸侵蚀监测方法.海洋地质前沿，35（9）：45-51.

俞月凤，何铁光，杜虎，等.2019.桂西北喀斯特地区不同退化程度植被群落物种组成及多样性特征.广西植物，39（2）：178-188.

宇万太，姜子绍，柳敏，等.2008.不同土地利用方式对土壤微生物生物量碳的影响.土壤通报，39（2）：282-286.

岳健，张雪梅.2003.关于我国土地利用分类问题的讨论.干旱区地理，26（1）：78-88.

臧廷亮，张金池.1999.森林枯落物的蓄水保土功能.南京林业大学学报，23（2）：81-84.

查春梅.2008.土地利用方式对棕壤及其微团聚体中有机碳、氮、磷库的影响.沈阳：沈阳农业大学.

张宝华，赵梅.2013.海水声速测量方法及其应用.声学技术，32（1）：24-28.

张海燕，樊江文，黄麟，等.2020.中国自然资源综合区划理论研究与技术方案.资源科学，42（10）：1870-1882.

张涵丹，卫伟，陈利顶，等.2015.典型黄土区油松树干液流变化特征分析.环境科学，36（1）：349-356.

张建祺，李尚鲁.2020.浙江洞头地区海岛型岬湾海滩的稳定性分析.水利科技与经济，26（5）：23-28.

张静丽.2014.中国地表水资源利用效率区域差异研究.价值工程，33（15）：30-32.

张九天，何霄嘉，官冬辉，等.2012.冰川加剧消融对我国西北干旱区的影响及其适应对策.冰川冻土，34（4）：848-854.

张凯，杨晴，柴发合，等.2017.一种适用于大气干湿沉降中重金属分析的样品采集及提取方法：CN201310065214.2.

张淑红，侯书贵，秦翔，等.2014.冰川微生物资源研究进展.环境科学与技术，37（12）：62-67.

张玉铭，胡春胜，张佳宝，等.2011.农田土壤主要温室气体（CO_2、CH_4、N_2O）的源汇强度及其温室效应研究进展.中国生态农业学报，19（4）：966-975.

张云，龚艳君，张笑，等. 2018. 辽宁獐岛海滩表层沉积物粒度特征及输运. 矿产勘查，9（8）：1622-1627.

张志锋，韩庚辰，王菊英. 2013. 中国近岸海洋环境质量评价与污染机制研究. 北京：海洋出版社.

张子凡，张海燕，刘晓煌，等. 2021. 华北地区自然资源综合区划的动态变化特征. 中国地质调查，8（2）：92-99.

赵坤. 2019. 草原内陆河浅滩-深潭序列中地表水-地下水交换对降水的响应. 呼和浩特：内蒙古大学.

赵林，刘广岳，焦克勤，等. 2010. 1991～2008 年天山乌鲁木齐河源区多年冻土的变化. 冰川冻土，32（2）：223-230.

赵沛义，妥德宝，郑大玮，等. 2008. 野外土壤风蚀定量观测方法的研究. 安徽农业科学，（29）：12810-12812.

赵其国，孙波，张桃林. 1997. 土壤质量与持续环境：Ⅰ. 土壤质量的定义及评价方法. 土壤，（3）：113-120.

郑昊，温淑女，庞崇进，等. 2020. 北部湾涠洲岛海滩砂物源特征：对从源到汇分析的启示. 地球化学，（5）：563-580.

周瑞. 2011. 北京地区大气降水的化学性质及其影响因素研究. 济南：济南大学.

周爽，崔玉柱，何晓红. 2004. 影响林冠截留量的主要因素分析. 林业勘查设计，（3）：37.

周晓峰. 1994. 中国森林生态系统定位研究. 哈尔滨：东北林业大学出版社.

周择福，张光灿，刘霞，等. 2004. 树干茎流研究方法及其述评. 水土保持学报，18（3）：137-145.

朱伟然. 2006. 牧草质量优劣的评价简介. 河南畜牧兽医综合版，27（1）：33-34.

祝宇成，王金满，白中科，等. 2016. 采煤塌陷对土壤理化性质影响的研究进展. 土壤，48（1）：22-28.

Arshad M A，Coen G M. 1992. Characterization of soil quality：physical and chemical criteria. American Journal of Alternative Agriculture，7（1/2）：25-31.

Crawford K M，Bauer J T，Comita L S，et al. 2019. When and where plant-soil feedback may promote plant coexistence：a meta- analysis. Ecology Lettter，22（8）：1274-1284.

Ding S L，Yang N G，Zhao C C，et al. 2010. Soil physical and chemical properties in water conservation forest in eastern Qinghai Province. Bulletin of Soil and Water Conservation，30（6）：1-6.

Doran J W，Parkin T B. 1994. Defining Soil Quality for a Sustainable Environment. Soil Science Society of American，66（1-2）：163-164.

Duck R W，Rowan J S，Jerkins P A，et al. 2001. A multi method study of bedload provenance and transport pathways in an estuarine channel. Physical Chemistry Earth（B），26（9）：747-752.

Hardie K. 1985. The effect of removal of extraradical hyphae on water uptake by vesicular-arbuscular mycorrhizal plants. New Phytologist，101（4）：677-684.

Jame Y W，Norum D I. 1980. Heat and mass transfer in a freezing unsaturated porous medium. Water Resources Research，4：811-819.

Lin D X，Fan H B，Su B Q，et al. 2004. Effect of interplantation of broad leaved trees in pinus massoniana forest on physical and chemical properties of the soil. Acta Pedologica Sinica，41（4）：655-659.

Oerlemans J. 1994. Quantifying global warming from the retreat of glaciers. Science，26（5156）：243-245.

Oldfield E E，Wood S A，Bradford M A. 2018. Direct effects of soil organic matter on productivity mirror those observed with organic amendments. Plant Soil，423（1/2）：363-373.

Schittko C，Runge C，Strupp M，et al. 2016. No evidence that plant-soil feedback effects of native and invasive plant species under glasshouse conditions are reflected in the field. Journal of Ecology，104（5）：1243-1249.

UNEP（United Nations Environment Programm）. 2008. Global glacier changes：facts and figures. https://www.unep.org/resources/report/global-glacier-changes-facts-and-figures.[2023-11-13].

Xie X N，Liu X D. 2010. Spectral dispersion of cloud droplet size distributions and radar threshold reflectivity for drizzle. Chinese Physics B，19（10）：109-201.

第7章 系统观测模块集

7.1 概 况

依据自然资源空间结构特征，以地球系统科学的理论为基础，参考自然资源和生态系统的分类方法，建立陆地水面区、植被覆盖区（森林、草原、农田）、裸地区、冰川-冻土区、过渡区（湿地）和海岸区六大资源要素综合观测系统。根据各观测区域内自然资源的种类和自然资源间的相互作用关系，依据指标体系构建整体性、系统性、空间显性、继承性等原则，从归类模块中选取相应的资源数量质量模块和资源间相互作用过程模块组合成每一个区的观测指标模块集。由于各种观测方法所适用的时间尺度和空间尺度有很大差别，自然资源系统的综合观测需要采用多种技术方法的合理组合，综合利用适合于个体尺度、景观尺度、区域尺度的各种观测手段，如卫星遥感、涡度相关观测塔、地面手持观测仪等，耦合成一个大气-地表-地下综合的多层次立体化观测体系。

7.2 观测指标分类模块

7.2.1 森林区观测指标模块集

以区域内自然资源要素的综合观测为目的，建立植被覆盖区域的观测指标模块集。其中植被覆盖区域主要包括森林资源覆盖区域、草资源覆盖区域和农田（耕地）资源覆盖区域。

我国南方和东北的大部分区域都被森林覆盖，东北和江南是我国森林资源覆盖的两个主要大区（张海燕等，2020）。森林生态系统是一种生物群落，包括乔木、灌木、草本植物、地被植物以及各种动物和微生物等，并且与无机环境，如土壤、大气、水分、阳光、温度等通过相互间的物质循环和能量流动所形成的一种功能系统。森林生态系统中的土壤及地表生物量碳汇功能是当前研究的热点，全球超过七成的地上植被生物量碳汇和近四成的土壤碳汇被储存在森林资源生态系统中（胡海胜，2007）。在陆地生态系统与大气进行的循环中，森林资源的蒸散发起着重要的作用，同时森林资源另外一个重要的功能是水源涵养，森林资源显著影响着从沟谷一直到河流的水分的循环，对大气中水的循环有重要意义，也对土壤的水土保持具有重要意义（袁国富等，2007）。建立相应的森林区域观测指标模块集，对森林区域的资源进行观测研究是自然资源综合观测中比较重要的部分。

　　参考森林生态系统的概念，依据森林资源与大气、土壤等的相互关系，从已经建立好的归类模块中，通过搭积木的方式，对归类模块进行组合。由于气候资源中的水分、光热、成分等对森林资源都有着显著的影响，在森林区域的观测指标中，选择气候资源模块的 4 个子模块，即大气水分数量质量子模块、光能热量数量质量子模块、风能数量质量子模块和大气成分数量质量子模块为森林区观测指标模块集的一部分。森林资源具有大多数植被的共性特征，即植被的类别（种类、优势种）、数量（面积、高度）、质量（覆盖度、密度、NDVI）和生境质量，同时森林也有其特性，如树高生长量、胸径生长量、郁闭度、林冠结构等是其特有的特征。所以在归类模块数量质量模块中的地表覆盖资源模块中抽取了植被数量质量共性子模块和林木数量质量特性子模块。森林资源是大气水与地下水循环的桥梁，同时森林资源对土壤水土保持有重要意义，在地下资源模块中选择了土地数量质量共性子模块和地下水数量质量共性子模块，在相互作用模块的非气候相关作用过程模块中，选择了土地与植被作用过程共性子模块、土地与林木作用子模块、土地与地下水作用子模块，在气候相关作用过程模块中，选择了气候作用过程共性子模块、气候与植被共性子模块两个共性模块，以及气候与林木作用子模块、气候与土地作用子模块和气候与地下水作用子模块。

　　森林资源指标模块集从归类模块的数量质量模块中，抽取了气候资源模块的 4 个子模块、地表覆盖资源中的 2 个子模块、地下资源模块的 2 个子模块和水土理化生模块的 2 个子模块作为森林观测模块集的一部分，从归类模块的相互作用模块中，抽取了气候相关作用过程模块的 5 个子模块和非气候相关作用过程模块的 4 个子模块作为森林模块集的一部分组成了森林覆盖区指标模块集（表 7-1）。模块集的组合遵循了系统性、整体性、空间显现等原则，以服务于自然资源的综合观测为目的，保证所观测的指标不仅能反映出森林资源的类型、数量、质量分布特征，同时能反映出森林资源与水资源、气候资源、土壤资源和生态环境之间的关系，有效掌握资源要素变化规律和发展。

表 7-1　森林指标模块、子模块（代码）、指标数量统计表

模块名称	子模块名称	子模块代码	一级指标数	二级指标数	三级指标数
气候资源模块	大气水分数量质量子模块	Q1	2	3	8
	光能热量数量质量子模块	Q2	1	2	15
	风能数量质量子模块	Q3	1	2	11
	大气成分数量质量子模块	Q4	1	2	10
地表覆盖资源模块	植被数量质量共性子模块	Q6	2	4	14
	林木数量质量特性子模块	Q7	2	4	13
地下资源模块	土地数量质量共性子模块	Q12	2	6	23
	地下水数量质量子模块	Q16	2	6	16
水土理化生性质模块	水体理化生性质子模块	Q17	—	—	27
	土体化学性质子模块	Q18	—	—	32

续表

模块名称	子模块名称	子模块代码	一级指标数	二级指标数	三级指标数
气候相关作用过程模块	气候作用过程共性子模块	E1	1	4	27
	气候与植被作用过程共性子模块	E3	1	4	15
	气候与林木作用子模块	E4	1	3	3
	气候与土地作用子模块	E7	1	5	10
	气候与地下水作用子模块	E10	1	2	5
非气候相关作用过程模块	土地与植被作用过程共性子模块	E14	1	3	5
	土地与林木作用子模块	E15	1	2	10
	土地与地下水作用子模块	E18	1	1	3
	地下水资源利用子模块	E22	1	2	6

7.2.2　草原区观测指标模块集

草资源属于陆表植被类型的一种，是畜牧业赖以生存的基础资源。从地理区域来看是介于森林和荒漠之间的独特地理区域。我国的草资源主要分布于西藏、内蒙古、新疆、青海、四川、甘肃、云南等七个省区，草原面积占国土面积的 41.7%，位居世界第二，在我国的草原上孕育了多达 600 多种特色畜牧品种资源。草原生态系统是指以多年生草本植物占优势的生物群落及其环境构成的功能综合体，具有为人类提供净初级生产力、次级生产力、改善土壤肥力、储积碳素形成碳汇、调节区域气候、防风固沙等多方面的服务功能（杨婧，2013）。草原生态系统是我国陆地面积最大的生态系统。放牧是草资源利用的重要方式，对草原生态系统的组成和土壤的生境有着重要的影响，同时，草资源的载畜量是和其他植被类型不同的重要观测特征指标。人类的过度放牧和草资源的不合理开发利用会严重影响草原生态系统的稳定，造成土地退化等影响，威胁着我国经济的可持续发展（贾幼陵，2011）。由于草原区域具有其独特的特性，依据草资源的特征以及草原生态区域内草资源与气候资源和土壤之间的相互关系，建立草原区域的观测指标模块集，便于全面地进行草资源以及自然资源的综合观测研究。

在草原覆盖区域中，气候资源是其重要组成部分，大气水分、光能热量、风能、大气成分等都对草原有着重要的影响，选择气候资源模块中的 4 个子模块为草原区域的观测模块集的一部分。由于草原属于植被的同时又有与其他植被不同的特征，从地表覆盖资源模块中，选择植被数量质量共性子模块，即包括植被面积、植被高度、植被覆盖度、植被密度、植被指数等指标，同时选择草数量质量特性子模块，主要指标为牧草数量、牧草载畜量和牧草质量。根据草原覆盖区草原植被与地下水和土壤的关系，在地下资源模块和水土理化生性质模块中各选取 2 个子模块搭建指标模块集，在气候相关作用过程模块中，选取 4 个子模块作为草原覆盖区域观测模块集的一部分，在非气候相关作用过程模块中，选取 4 个子模块组成草原覆盖区域的系统观测模块集。

　　具体模块集的组成如表 7-2 所示,构建的草原区观测指标模块集包括 18 个指标子模块,21 个一级观测指标、52 个二级观测指标和 254 个三级观测指标,综合考虑了草原的特性、草原与其他植被的共性,以及草原与气候土壤之间的关系,有利于全面地对草资源的种类、数量、质量进行全面观测,摸清草原变化的动因机制。

表 7-2　草原指标模块、子模块（代码）、指标数量统计表

模块名称	子模块名称	子模块代码	一级指标数	二级指标数	三级指标数
气候资源模块	大气水分数量质量子模块	Q1	2	3	8
	光能热量数量质量子模块	Q2	1	2	15
	风能数量质量子模块	Q3	1	2	11
	大气成分数量质量子模块	Q4	1	2	10
地表覆盖资源模块	植被数量质量共性子模块	Q6	2	4	14
	草数量质量特性子模块	Q8	2	5	25
地下资源模块	土地数量质量共性子模块	Q12	2	6	23
	地下水数量质量子模块	Q16	2	6	16
水土理化生性质模块	水体理化生性质子模块	Q17	—	—	27
气候相关作用过程模块	气候作用过程共性子模块	E1	1	4	27
	气候与植被作用过程共性子模块	E3	1	4	15
	气候与土地作用子模块	E7	1	5	10
	气候与地下水作用子模块	E10	1	2	5
非气候相关作用过程模块	土地与植被作用过程共性子模块	E14	3	5	
	土地与草作用子模块	E16	1	1	2
	土地与地下水作用子模块	E18	1	1	3
	地下水资源利用子模块	E22	1	2	6
水土理化生性质模块	土体化学性质子模块	Q18	—	—	32

7.2.3　农田区观测指标模块集

　　"农田"一词在汉语词典中的解释是指用于农业生产的田地。农田表面的植被主要为粮食作物和经济作物,是人类赖以生存的物质基础。农田生态系统是指在一定农田范围内,作物和其他生物及其环境通过复杂的相互作用和相互依存所形成的统一整体(生态学名词审定委员会,2007)。我国是农业大国,农田在我国分布面积十分广阔,主要分布在我国江南、华北和东北地区,同时我国农田生态系统也有多样性,不同类型的农田生态系统特征各异,既有广阔平原区农田,也有丘陵山区农田,有旱地也有水田,有干旱区农田也有湿润区农田(袁国富等,2007),不同地区农田种植存在差异。在自然资源

的综合区划中，以耕地为主的区域主要分布在华北平原耕地资源大区、东北平原林耕资源大区、长江中下游平原耕地资源大区和四川盆地草耕资源大区（张子凡，2021；郑艺文，2021；赖明，2021）。在农田生态系统中，农田与土壤、水资源的关系非常密切，土壤结构的改变严重影响着农田农作物的产量，同时气候、降雨、水资源等会严重影响作物的产量和类型。不同农作物分布在我国不同的地理位置，由于气候的不同，我国从北向南栽培的作物中分为一年一熟粮食作物与耐寒经济作物、两年三熟或一年两熟旱作、一年两熟水旱粮食作物、一年两熟或三熟水旱轮作（有双季稻）、一年三熟粮食作物及热带常绿果树园和经济林等，作物的分布与我国地理位置和气候密切相关。农田区域的作物有其不同于其他植被的特性，对农田区域进行观测研究的指标选取时，需要考虑农作物与其他植被的共性特征，也要考虑农作物的特性。

针对农田区域内气候资源、土壤资源、地下水资源和农作物的特性和相互关系，构建了农田区域的观测指标模块集（表 7-3）。依据农田中气候资源对土壤和农作物的影响，在归类模块的数量质量模块中的气候资源模块中选取了 4 个子模块，在相互作用模块中的气候相关作用过程模块中选取了 4 个子模块，主要用于观测农田区域内的气候资源数量质量变化和区域内气候与植被、土壤、地下水的作用关系。依据农田农作物与其他植被的共性以及农作物特有的性质，选取了地表覆盖资源模块中的植被数量质量共性子模块和作物数量质量特性子模块，用于观测作物和植被的数量质量变化。针对农作物与土壤、地下水的关系，选择了地下资源模块中的 3 个子模块观测指标、水土理化生性性质模块的 2 个子模块观测指标和非气候相关作用过程模块中的 4 个子模块。农田区域观测模块集一共包括 19 个子模块集，23 个一级指标、57 个二级观测指标和 259 个三级观测指标。对农田区域实现系统化的、全面的观测，监测作物的资源变化和弄清作物变化的动因机制和资源间的相互关系。

表 7-3　农田指标模块、子模块（代码）、指标数量统计表

模块名称	子模块名称	子模块代码	一级指标数	二级指标数	三级指标数
气候资源模块	大气水分数量质量子模块	Q1	2	3	8
	光能热量数量质量子模块	Q2	1	2	15
	风能数量质量子模块	Q3	1	2	11
	大气成分数量质量子模块	Q4	1	2	10
地表覆盖资源模块	植被数量质量共性子模块	Q6	2	4	14
	作物数量质量特性子模块	Q9	2	3	13
地下资源模块	土地数量质量共性子模块	Q12	2	6	23
	耕地数量质量特性子模块	Q13	2	6	16
	地下水数量质量子模块	Q16	2	6	16
水土理化生性性质模块	水体理化生性性质子模块	Q17	—	—	27
	土体化学性质子模块	Q18	—	—	32

续表

模块名称	子模块名称	子模块代码	一级指标数	二级指标数	三级指标数
气候相关作用过程模块	气候作用过程共性子模块	E1	1	4	27
	气候与植被作用过程共性子模块	E3	1	4	15
	气候与土地作用子模块	E7	1	5	10
	气候与地下水作用子模块	E10	1	2	5
非气候相关作用过程模块	土地与植被作用过程共性子模块	E14	1	3	5
	土地与作物作用子模块	E17	1	2	3
	土地与地下水作用子模块	E18	1	1	3
	地下水资源利用子模块	E22	1	2	6

7.2.4 湿地（过渡区）观测指标模块集

湿地形成于陆地和水生生态系统之间，兼有两者的特性，地理学名词中将湿地定义为潮湿或浅积水地带发育成水生生物群落和水成土壤的地理综合体，包括陆地天然的和人工的、永久的和临时的各类沼泽（地理学名词审定委员会，2007）。湿地生态系统是介于水、陆生态系统之间的一类生态单元，其生物群落由水生和陆生种类组成，物质循环、能量流动和物种迁移与演变活跃，具有较高的生态多样性、物种多样性和生物生产力（生态学名词审定委员会，2007）。湿地可以进行物质生产、能量转换、水分供给、气候调节、调蓄水量、水质净化、生物多样性保护等生态服务（陆健健，2006）。我国湿地主要分布在东北地区、青藏高原地区、长江中下游地区和滨海等十一个地区。其中位于东北地区的三江平原区域和青藏高原地区的若尔盖高原湿地主要为沼泽湿地，在湖泊河流区域的湿地主要为湖泊河流湿地，沿海各省份所形成的湿地主要为浅海、滩涂湿地。对湿地区域进行自然资源综合观测，需要考虑湿地表面的植被，如林、草等。

根据湿地以及湿地生态系统的概念和特征，对湿地（过渡区）区域建立相应的观测指标模块集，并综合考虑湿地地区域表面的植被和地表水等自然资源、湿地上方的气候资源、湿地下面的地下水资源与土壤等要素。同时以区域为单元进行自然资源综合观测，研究资源配比的理论基础，在归类模块中的数量质量模块中，选择气候资源模块中的 4 个子模块、地表覆盖资源模块中的 4 个资源子模块、地下资源模块中的 2 个子模块，以及水土理化生性质模块中的 2 个子模块。根据系统性、整体性研究的原则，针对湿地区域各自然资源之间的相互作用，从相互作用模块的气候相关作用过程模块中，选择气候与地表水、地下水、植被、林木、土地的 5 个相互作用模块，在非气候相关作用过程模块中，选择了地表水、土地、植被、林木、草、地下水之间相互作用的 8 个子模块。具体模块名称见表 7-4，湿地（过渡区）区域观测指标模块集包括 26 个观测指标子模块，31 个一级观测指标、72 个二级观测指标和 329 个三级观测指标。为我国湿地区域的自然资源综合观测提供指导，观测的指标在对湿地区域自然资源进行监测的同时研究其动因机制和资源之间的相互关系。

表 7-4 湿地指标模块、子模块（代码）、指标数量统计表

模块名称	子模块名称	子模块代码	一级指标数	二级指标数	三级指标数
气候资源模块	大气水分数量质量子模块	Q1	2	3	8
	光能热量数量质量子模块	Q2	1	2	15
	风能数量质量子模块	Q3	1	2	11
	大气成分数量质量子模块	Q4	1	2	10
地表覆盖资源模块	地表水数量质量子模块	Q5	2	4	25
	植被数量质量共性子模块	Q6	2	4	14
	林木数量质量特性子模块	Q7	2	4	13
	草数量质量特性子模块	Q8	2	5	25
地下资源模块	土地数量质量共性子模块	Q12	2	6	23
	地下水数量质量子模块	Q16	2	6	16
水土理化生性质模块	水体理化生性质子模块	Q17	—	—	27
	土体化学性质子模块	Q18	—	—	32
气候相关作用过程模块	气候作用过程共性子模块	E1	1	4	27
	气候与地表水作用子模块	E2	1	2	3
	气候与植被作用过程共性子模块	E3	1	4	15
	气候与林木作用子模块	E4	1	3	3
	气候与土地作用子模块	E7	1	5	10
	气候与地下水作用子模块	E10	1	2	5
非气候相关作用过程模块	地表水资源利用子模块	E11	1	1	3
	地表水与土地作用子模块	E12	1	3	8
	地表水与地下水作用子模块	E13	1	1	10
	土地与植被作用过程共性子模块	E14	1	3	5
	土地与林木作用子模块	E15	1	2	10
	土地与草作用子模块	E16	1	1	2
	土地与地下水作用子模块	E18	1	1	3
	地下水资源利用子模块	E22	1	2	6

7.2.5 陆地水面区观测模块集

陆地水面区主要包括陆地内的河流和湖泊，是重要的地表水资源的来源。河流生态系统是指在河流内生物群落和河流环境相互作用的统一体，是河流生物群落与大气、河水及底质之间连续进行物质交换和能量传递，形成结构、功能统一的流水生态单元。湖泊生物群落与大气、湖水及湖底沉积物之间连续进行物质交换和能量传递，形成结构复杂、功能协调的基本生态单元。河流和湖泊生态系统具有淡水供应、物质生产、生物多样性维持、灾害调节、生态支持、环境净化等功能（栾建国和陈文祥，2004）。根据第一次全国水利普查的公报数据，我国共有流域面积为 50m² 及以上的河流 45203 条，流域面积为 100m² 及以上的河流 2221 条，流域面积为 10000km² 及以上的河流 228 条。常年水面积 1km² 及以上的湖泊 2865 个，其中淡水湖有 945 个，盐湖有 166 个，其他湖泊共 160 个。中国主要河流湖泊包括黑龙江、辽河、黄河、海河、长江、闽江、珠江、澜沧江、怒江、雅鲁藏布江、塔里木河、额尔齐斯河以及青海湖、洞庭湖、鄱阳湖、太湖、巢湖、洪泽湖、羊卓雍错、纳木错等。

　　根据陆地水面区域的资源现状，以及河流生态系统和湖泊生态系统的资源特征，搭建相应的陆地水面区观测指标模块集（表 7-5）。由于陆地水面区不存在相应的植被，同时水生植物、动物、浮游动植物的种类与数量等观测指标都被地表水资源子模块中的水资源质量指标包含在内，仅仅抽取地表覆盖资源模块下的地表水数量质量 1 个子模块。依据地表水资源、地下水资源和气候水资源之间的相互关系，抽取数量质量模块中气候资源模块的 4 个子模块、地下资源模块的 1 个子模块、水土理化性质模块的 1 个子模块，以及抽取相互作用模块中气候相关作用过程模块的 3 个子模块和非气候相关作用过程模块中的 3 个子模块。目的在于进行观测时能全面考虑区域内气候与地表水、地下水之间的相互关系以及地表水的利用、地表水与地下水之间的相互关系。陆地水面区观测指标模块集从归类模块中抽取了 13 个子模块，15 个一级指标、33 个二级指标和 164 个三级指标，既考虑到了区域内陆表水的变化的同时也考虑到了地表水和地下水以及气候之间的相互关系，为对陆地水面区进行监测、预测提供帮助。

表 7-5　陆地水面区指标模块、子模块（代码）、指标数量统计表

模块名称	子模块名称	子模块代码	一级指标数	二级指标数	三级指标数
气候资源模块	大气水分数量质量子模块	Q1	2	3	8
	光能热量数量质量子模块	Q2	1	2	15
	风能数量质量子模块	Q3	1	2	11
	大气成分数量质量子模块	Q4	1	2	10
地表覆盖资源模块	地表水数量质量子模块	Q5	2	4	25
地下资源模块	地下水数量质量子模块	Q16	2	6	16
水土理化生性质模块	水体理化生性质子模块	Q17	—	—	27
气候相关作用过程模块	气候作用过程共性子模块	E1	1	4	27
	气候与地表水作用子模块	E2	1	2	3
	气候与地下水作用子模块	E10	1	2	5
非气候相关作用过程模块	地表水资源利用子模块	E11	1	1	3
	地表水与土地作用子模块	E12	1	3	8
	地下水资源利用子模块	E22	1	2	6

7.2.6　冰川−冻土区观测模块集

　　冰川是指寒冷地区多年降雪积聚、经过变质作用形成的具有一定形状并能自行运动的天然冰体（地理学名词审定委员会，2007），冰川是陆表水资源的一种存在形式。冻土是一种温度低于 0℃、处于冻结状态且对温度极为敏感的地下岩层，也是一种低温地质体，有丰富的地下水和矿产资源，地下水资源一般在冻土中以冰晶和冰土层的方式存在，其中冰晶可以小至纳米级别，而冰土层相对来说较厚，某些地区的厚度可厚达数百米（徐学祖等，2001）。冻土层通常被认为是隔水层，减弱了地下水和地表水之间的水力联系，限制了地表与多年冻土层下面的水分交换（程国栋和金会军，2013），冻土的退化会影响地表水和地下水之间的联系从而影响冻土区域的生境质量。冰川和冻土都属于冰冻圈，冰冻圈是全球气候系统中一个非常关键的组成成分，在地球表面能量循环和水文循环的过程中起着重要的作用，通常被认为是气候变化的一个指标（冯雨晴，2020），同时冰川、冻土也是水资源的重要来源。中国绝大多数的冰川冻土都分布在青藏高原，属于高山冰川，青藏高原上的冰川约占全国冰川的 80%，大部分分布于青藏高原的东南部、西部和南部地带。同时我国冻土也主要分布在青藏高原，青藏高原上大约有 90% 的区域被冻土覆盖，约有 60% 的区域是永久性冻土，主要位于青藏高原西部偏北的区域（冯雨晴，2020）。为全面地对冰川冻土区域进行自然资源的综合观测，需要考虑气候、冰川、冻土、地表水、地下水的变化，以及它们的相互转换关系。

　　根据冰川−冻土区域的自然资源特点以及自然资源与环境之间的关系，从归类模块中选择相应的子模块构建冰川−冻土区的指标模块集。遵循资源系统性、整体性的原则，依据冰川−冻土区域气候资源与冰川、冻土、地表水之间的互馈关系，从数量与质量模块的气候资源模块中选取了 4 个子模块，从相互作用过程模块中的气候相关作用过程模块中选择了 4 个子模块，旨在弄清观测区域内的气候变化和气候与冰川、冻土、地表水和地下水之间的关系。根据区域内所存在的地表水资源、地下水资源、冰川资源和冻土资源选取了数量质量模块中地表覆盖资源模块的 2 个子模块和地下资源模块的 3 个子模块及水土理化生性质模块的 2 个子模块，从相互作用模块中的非气候相关作用过程模块中选取了地表水、冰川、土地、冻土、地下水等资源相互作用的 6 个子模块。目的在于观测自然资源变化的同时，弄清自然资源变化的动因机制以及自然资源之间的相互耦合关系。冰川−冻土区的指标模块集包括 21 个观测指标子模块，以及 25 个一级指标、60 个二级指标和 306 个三级指标（表 7-6）。对冰川−冻土区域内自然资源的变化以及自然资源间的相互关系进行全面观测，弄清冰川冻土变化和气候、地下水、地表水之间的相互关系。

表 7-6　冰川−冻土区指标模块、子模块（代码）、指标数量统计表

模块名称	子模块名称	子模块代码	一级指标数	二级指标数	三级指标数
气候资源模块	大气水分数量质量子模块	Q1	2	3	8
	光能热量数量质量子模块	Q2	1	2	15
	风能数量质量子模块	Q3	1	2	11
	大气成分数量质量子模块	Q4	1	2	10

模块名称	子模块名称	子模块代码	一级指标数	二级指标数	三级指标数
地表覆盖资源模块	地表水数量质量子模块	Q5	2	4	25
	冰川数量质量子模块	Q10	2	5	26
地下资源模块	土地数量质量共性子模块	Q12	2	6	23
	冻土数量质量子模块	Q14	2	6	30
	地下水数量质量子模块	Q16	2	6	16
水土理化生性质模块	水体理化生性质子模块	Q17	—	—	27
	土体化学性质子模块	Q18	—	—	32
气候相关作用过程模块	气候作用过程共性子模块	E1	1	4	27
	气候与冰川作用子模块	E5	1	3	12
	气候与冻土作用子模块	E8	1	6	7
	气候与地下水作用子模块	E10	1	2	5
非气候相关作用过程模块	地表水资源利用子模块	E11	1	1	3
	地表水与土地作用子模块	E12	1	3	8
	地表水与地下水作用子模块	E13	1	1	10
	冰川与地表水、地下水作用子模块	E19	1	1	4
	冰川与土地、冻土作用子模块	E20	1	1	1
	地下水资源利用子模块	E22	1	2	6

7.2.7　海洋（海岸区）观测指标模块集

　　海洋中有丰富的自然资源，海洋生态系统是指海洋生物群落与海底区和水层区环境之间进行物质交换与能量传递所形成的统一整体，具有原材料供给、气候调节、生物调节等生态服务功能（王一尧，2019）。中国所管辖的海洋区域面积约 300 万 km²，海岸线包括大陆海岸线 1.8 万 km，以及岛屿海岸线 1.4 万 km，共长达 3.2 万 km，有着极为丰富的海洋资源。海岸带是由海岸向陆海两侧扩展一定宽度的带形区域，是地球岩石圈、水圈、大气圈与生物圈相互交织、各种因素作用影响频繁、物质与能量交换活跃、变化极为敏感的地带，也是受人类活动影响极为突出的地区（吴泉源，2007）。我国有 11 个省级行政区域沿海，海岸线较长，有众多海岸带区域。我国海岸带区域主要的表现形式为陆地、海滩和浅海三个部分，适用于进行围海造田、海水养殖等发展（刘俊霞等，2015）。我国海岸带区域范围较广，且自然资源众多，既包括了陆地上的各类自然资源又涵盖了海洋上浅海区的各类自然资源。建立海岸区的自然资源综合观测指标体系需要考虑陆地和海洋上的各类自然资源以及它们的相互作用关系。

　　依据海岸区域的自然资源特征以及自然资源之间的相互关系，建立海洋（海岸区）自然资源综合观测的指标模块集。由于海岸区的范围相对广，一般可以分为陆地区域和海洋区域，在数量质量模块的地表覆盖资源模块中选择了与陆地相关的植被数量质量共性、地表水数量质量、林木数量质量特性、草数量质量特性 4 个子模块和海水数量质量子模块，在相互作用模块中的非气候相关作用过程模块中选择了地表水、土地、地下水、海水、海滩、植被、林木、草、土地等资源相互作用的 7 个子模块，同时在气候相关作用过程模块中选择了气候与地表水、植被、林木、草、土地、海水、海滩等相互作用的 7 个子模块。具体子模块数据如表 7-7 所示，海洋（海岸区）自然资源综合观测的指标模块集一共包括 27 个观测指标子模块，以及 33 个一级观测指标、80 个二级观测指标和 372 个三级指标，主要服务于对海水-海岸区以整个区域为单元进行综合观测。

表 7-7　海岸区指标模块、子模块（代码）、指标数量统计表

模块名称	子模块名称	子模块代码	一级指标数	二级指标数	三级指标数
气候资源模块	大气水分数量质量子模块	Q1	2	3	8
	光能热量数量质量子模块	Q2	1	2	15
	风能数量质量子模块	Q3	1	2	11
	大气成分数量质量子模块	Q4	1	2	10
地表覆盖资源模块	地表水数量质量子模块	Q5	2	4	25
	植被数量质量共性子模块	Q6	2	4	14
	林木数量质量特性子模块	Q7	2	4	13
	草数量质量特性子模块	Q8	2	5	25
	海水数量质量子模块	Q11	2	5	41
地下资源模块	土地数量质量共性子模块	Q12	2	6	23
	海滩数量质量子模块	Q15	2	5	17
水土理化生性质模块	水体理化生性质子模块	Q17	—	—	27
	土体化学性质子模块	Q18	—	—	32
气候相关作用过程模块	气候作用过程共性子模块	E1	1	4	27
	气候与地表水作用子模块	E2	1	2	3
	气候与植被作用过程共性子模块	E3	1	4	15
	气候与林木作用子模块	E4	1	3	3
	气候与海水作用子模块	E6	1	2	4
	气候与土地作用子模块	E7	1	5	10
	气候与海滩作用子模块	E9	1	5	6
非气候相关作用过程模块	地表水资源利用子模块	E11	1	1	3
	地表水与土地作用子模块	E12	1	3	8
	地表水与地下水作用子模块	E13	1	1	10
	土地与植被作用过程共性子模块	E14	1	3	5
	土地与林木作用子模块	E15	1	2	10
	土地与草作用子模块	E16	1	1	2
	海水与海滩作用子模块	E21	1	2	5

7.2.8　裸地区观测指标模块集

　　裸地区一般处于荒漠生态系统。荒漠指的是气候干燥、降水稀少、蒸发量大、植被稀少的区域（袁国富等，2007）。《生态学名词》中对荒漠生态系统的定义是指耐干旱的植物、动物和微生物组成的生态单元，荒漠生态系统是陆地生态系统中脆弱的子系统。在我国，荒漠生态系统分布在西北地区，由内蒙古一直延伸到西部边境，在西北地区有大量的裸地区，土地表面几乎没有任何植被覆盖。草原的过度放牧以及资源的不合理开发利用会导致土地的退化，对荒漠和裸地区进行观测有利于阻止土地的退化问题。

　　根据裸地区自然资源的特点，以服务于自然资源的综合观测为目的，构建裸地区的自然资源综合观测指标模块集（表 7-8）。由于裸地区的土地表面几乎没有任何指标和地表水资源，进行子模块选择时，在归类模块的数量质量模块中，抽取气候资源模块中的 4 个子模块、地下资源模块中的 2 个子模块和水土理化生模块中的 2 个子模块，没有抽取地表覆盖资源模块中的子模块。在相互作用模块中，抽取气候相关作用过程模块中的 3 个子模块和非气候相关作用过程模块中的 2 个子模块。主要对裸地区的气候资源、土地资源和地下水资源进行观测。裸地区观测指标模块集主要包括 13 个子模块，以及 14 个一级观测指标、35 个二级观测指标和 193 个三级观测指标。主要用于探究裸地区域气候资源、土地资源和地下水资源之间的相互耦合关系，服务于全国自然资源要素的综合观测。

表 7-8　裸地区指标模块、子模块（代码）、指标数量统计表

模块名称	子模块名称	子模块代码	一级指标数	二级指标数	三级指标数
气候资源模块	大气水分数量质量子模块	Q1	2	3	8
	光能热量数量质量子模块	Q2	1	2	15
	风能数量质量子模块	Q3	1	2	11
	大气成分数量质量子模块	Q4	1	2	10
地下资源模块	土地数量质量共性子模块	Q12	2	6	23
	地下水数量质量子模块	Q16	2	6	16
水土理化生性质模块	水体理化生性质子模块	Q17	—	—	27
	土体化学性质子模块	Q18	—	—	32
气候相关作用过程模块	气候作用过程共性子模块	E1	1	4	27
	气候与土地作用子模块	E7	1	5	10
	气候与地下水作用子模块	E10	1	2	5
非气候相关作用过程模块	土地与地下水作用子模块	E18	1	1	3
	地下水资源利用子模块	E22	1	2	6

7.3　观测模块集实例

7.3.1　森林资源观测模块集实例

以森林资源为典型实例：①在个体尺度上，重点观测单棵树木的生长量、品质和气体、水分、养分的交换情况。通过光学测树仪、植物茎干生长测量仪观测树木高度、树干胸径指标，计算树高年平均生长量、胸径年平均生长量，掌握单株活立木木材量和树木生长状况信息；采用植物根系生长监测系统长期观测植物根系生长及分布形态，表征植物生长和养分吸收情况；使用光合作用仪观测叶片光合作用速率，反映光合作用过程中的气体交换。②在景观尺度上，侧重于关注森林群落的分布面积和特征。通过卫星遥感观测森林类型、种类和植被面积，反映森林资源数量现状；通过多光谱冠层指数测量仪观测植被覆盖度，反映植被生长茂密程度。③在区域尺度上，更关注树木和森林与其他自然资源间的相互影响及耦合作用，通过自动气象站、闭路涡动相关系统、激光雨滴谱仪等设备对大气水分、光能热量、风能和大气成分数量质量模块以及气候作用过程共性模块指标进行观测，掌握气候作用对森林资源的影响；通过多通道土壤温度气体通量测量系统，观测气候与土地作用模块中土壤与大气间的 CH_4、CO_2 等气体的通量，了解土壤与大气间呼吸作用过程等。

7.3.2　冰川冻土区观测模块集实例

以冰川冻土区为观测实例，冰川-冻土区的观测主要是从景观和区域尺度进行观测。①在景观尺度上，主要关注冰川和冻土的分布范围和厚度。对遥感卫星的观测数据进行解译，判断冰川和冻土分布区域的动态变化；通过探地雷达结合人工土壤剖面和浅层的钻孔判断冻土的形态特征和厚度，探究多年冻土的变化特征。②在区域尺度上，更多关注冰川-冻土和其他自然资源之间的耦合关系，首先通过气象站、闭路涡动相关系统、激光雨滴谱仪等针对冰川冻土模块集中的与气候相关的子模块中的指标进行观测，掌握气候变化与区域的冰川、地下水、冻土、地表水变化之间的关系；通过多通道土壤温度气体通量测量系统观测气候的变化与冻土消融的关系。

冰川冻土区观测模块集已经初步用于长江源冰川冻土区的观测。对观测模块集中冰川冻土数量质量特性模块，以及对冰川与地表水、地下水作用子模块和冰川与土地、冻土作用子模块指标进行观测。观测冰川、冻土的融化作用即观测冰川融水截面积、冰川融水流速、冰川融水水位和冰川与土地和冻土之间的热传导率。通过 20 个地温观测孔和 18 个活动层的观测点数据，探明了该区域冻土的平均厚度为 9.7m 的同时，得出了冻土-水资源的相互关系。初步计算出在沱沱河流域 1.58 万 km^2 区域内，多年冻土水当量为 197.2km^3，约为 1972 亿 t 水资源量，相当于 2.5 个纳木错湖的蓄水量。

参 考 文 献

程国栋，金会军. 2013. 青藏高原多年冻土区地下水及其变化. 水文地质工程地质，40（1）：11.

地理学名词审定委员会. 2007. 地理学名词：2006. 北京：科学出版社.

冯雨晴. 2020. 青藏高原冰川冻土变化及其生态与水文效应研究. 北京：中国地质大学（北京）.

胡海胜. 2007. 庐山自然保护区森林生态系统服务价值评估. 资源科学，29（5）：28-36.

贾幼陵. 2011. 草原退化原因分析和草原保护长效机制的建立. 中国草地学报，33（2）：1-6.

赖明，吴淑玉，张海燕，等. 2021. 基于综合区划的中国西南地区自然资源动态变化特征分析. 中国地质调查, 8（2）：83-91.

刘俊霞，马毅，李晓敏，等. 2015. 基于国产高分影像的海岸带盐田和水产养殖区图谱特征分析. 海洋科学，39（2）：63-66.

陆健健. 2006. 湿地生态学. 北京：高等教育出版社.

栾建国，陈文祥. 2004. 河流生态系统的典型特征和服务功能. 人民长江，35（9）：41-43.

生态学名词审定委员会. 2007. 生态学名词：2006. 北京：科学出版社.

王一尧. 2019. 基于能值分析方法的中国海洋生态系统服务价值研究. 大连：辽宁师范大学.

吴泉源. 2007. 基于 RS、GIS 技术的海岸带环境动态变化研究. 青岛：山东科技大学.

徐学祖，王家澄，张立新. 2001. 冻土物理学. 北京：科学出版社.

杨婧. 2013. 放牧对典型草原生态系统服务功能影响的研究. 呼和浩特：内蒙古农业大学.

袁国富，朱治林，张心昱，等. 2007. 陆地生态系统水环境观测指标与规范. 北京：中国环境出版集团.

张海燕，樊江文，黄麟，等. 2020. 中国自然资源综合区划理论研究与技术方案. 资源科学，42（10）：1870-1882.

第8章　赋能模块

8.1　概　　况

赋能模块是综合观测指标体系中不可或缺的一环，也是观测数据实现价值转化的重要部分。该模块数量不限，包括水量平衡模块、热量平衡模块、盐平衡模块、碳通量模块、氮通量模块、土壤质量模块、空气质量模块和森林水源涵养模块等，具有可扩展性，依据观测数据特征、功能和相关理论模型，结合国家战略、经济发展、科学研究、环境保护等方面的实际需求构建，以解决实际问题、预测自然资源时空演变规律与发展趋势为目标，实现观测数据科学、有效利用和成果转化（孙益等，2020）。

8.2　赋能模块作用

8.2.1　水量平衡

1. 基本原理

水是生态系统中最重要、最活跃的因子之一，它在生态系统中不间断地与外界进行交换、循环，处于一种动态平衡的状态，在生态系统中扮演重要的角色。

水循环是地球上客观存在的自然现象，水循环包括多个过程，降水过程和蒸散发过程是尤为关键的环节，在水循环中最主要的输入环节为降水，降水量的多少对植被的生长和环境的变化有着重要的影响。蒸散发包括两个过程，分别为植被的蒸腾和土壤的蒸发，其强度代表了水汽从土壤向大气中传输的多少，是水循环的主要的输出环节，也是地球水分耗散的主要形式。约60%的降水以蒸散发的形式返回到大气中，蒸散发强度大小对产生区域性农业干旱、水文干旱及气象干旱起着重要作用。

水量平衡即水量收支平衡，指在给定任意尺度的时域空间中，水的运动（包括相变运动）具有连续性，收入的水量与支出的水量之间的差额必然等于该时段区域（或水体）内蓄水的变化量。水量平衡是分析研究水文现象和水文过程的基础，也是水资源数量与质量计算、评价的依据。水量平衡受多种因子共同影响，其中植物蒸腾、降水、地表径流、土壤蒸发、土壤入渗为主要的影响因素，随着地域和时间的不同，其不断发生变化。陆地生态系统在一定程度上可以涵养水分，尤其是在干旱与半干旱地区，对当地水土保持等方面有着非常重要的作用，随着陆地生态系统的变化，其水热变化和水文特征也随之变化，从而对水循环产生重要影响。

水量平衡是水循环遵循的内在规律，水量平衡方程式是水循环的数学表达。利用水量平衡方程式，可以确定式中各个水量平衡要素之间的数量关系，进而估计研究地区的水量，从而鉴别各种不同的水文学方法及研究成果。因此，水量平衡理论是水文学中最重要的基础理论，水量平衡测算方法因此也成为水文学研究的基本方法之一。根据不同的水循环类型，可以建立不同水量平衡方程，如全球水量平衡方程、海洋水量平衡方程、陆地水量平衡方程、流域水量平衡方程等。利用水量平衡方程，推求水量平衡的未知要素，可以了解和预测水体水情变化的影响源及影响程度，判别观测站点的分布和测量中的系统误差，定量分析人类活动引起的水循环及水资源变化，为水资源合理利用、时空控制与调配提供基础。

随着经济的持续发展，为更科学合理开发利用分布不均且有限的水资源，需加强对水资源供需平衡、优化配置的研究。水资源供需平衡分析需综合研究考虑社会、经济、环境生态等各类要素，涉及面广且复杂。分析区域供水量及需水量对研究水资源现状及赋存问题、判断未来社会经济发展情况下的水资源开发利用状况、实现水资源的长期合理利用、缓解水资源供需矛盾，具有重要的科学意义和社会价值。

研究陆地植被生态系统水量平衡过程是理解生态系统的关键环节，对区域水循环有着重要的意义。了解陆地植被生态系统水循环要素的动态变化和分配特征，分析环境、生物等因素对蒸散发的影响，揭示生态系统水量平衡过程，为区域水分平衡状况的评估奠定基础。

水量平衡可与能量平衡结合起来进行研究，即水热平衡的研究。它是现代自然地理学物质与能量交换研究的主要内容之一。水量平衡各要素组合特征（它们的数量和组合对比关系）构成地理地带划分的物理背景，常用以划分地理区域。因受人类活动影响而出现一系列的环境问题，多数与人们改变了水量平衡有关。

中国水量平衡要素组成的重要界线，是 1200mm/a 的降水量。年降水量大于 1200mm 的地区，径流量大于蒸散发量；反之，蒸散发量大于径流量。我国除东南部分地区外，绝大多数地区都是蒸散发量大于径流量，越向西北差异越大。水量平衡要素的相互关系还表明在径流量大于蒸发量的地区，径流与降水的相关性很高，蒸散发对水量平衡的组成影响甚小。在径流量小于蒸发量的地区，蒸散发量则依降水而变化。这些规律可作为年径流建立模型的依据。另外，中国平原区的水量平衡均为径流量小于蒸发量，说明水循环过程以垂直方向的水量交换为主。

2. 研究现状及进展

水量平衡研究对理解区域生态系统中土壤水分变化具有非常重要的生态意义，涉及河流、湖泊、湿地等多种生态系统类型。水量平衡研究方法早期以统计分析研究方法为主，逐步发展到以水资源数学模型、物理模型、系统模型等模型模拟分析为主。水量平衡研究大致可以分为萌芽、统计分析研究、模型模拟分析三个阶段。

（1）萌芽阶段。20 世纪 60 年代之前属于水量平衡理论的萌芽阶段，缺乏成熟的理论和方法。

（2）统计分析研究阶段。20 世纪 70 年代至 80 年代末期，此阶段水量平衡及其相关概念得到人们的普遍认同，开始从不同角度对其进行系统研究。水文学家根据水文历史资料、河道断面参数等进行分析，提出了一些基于水文学分析的方法。

（3）模型模拟分析阶段。20 世纪 90 年代之后，水量平衡理论开始完善，原有的研究方法不断得到改进，同时出现了一些新的研究方法，并开始注重对生态系统整体的考虑。

水量平衡受多种因子共同影响，其中植物蒸腾、降水、地表径流、土壤蒸发、水为主要的影响因素，地域和时间的不同使其不断发生变化。陆地生态系统在一定程度上可以涵养水分，尤其是在干旱、半干旱地区，对当地水土保持等方面有着非常重要的作用，随着陆地生态系统的变化，其水热变化和水文特征也随之变化，从而对水循环产生重要影响。通过试验可以测得这些水文过程参数，利用水量平衡公式，得到生态系统内部水分的平衡情况，同时也为定量研究陆地生态系统与其外部毗邻系统之间水分交换提供了基础。

何秀珍等于 2010 年以天然草地和三种人工草地为研究对象，分析其土壤含水量变化，得到各草地类型耗水量在不同时期变化不同：生长季初期至生长季中期，降水量较多，植被耗水量较少，降水量基本可满足四种植被的耗水需求；生长季中期至生长季末期，降水量显著减少，仅为生长前期降水量的 40%，但是草地生长末期的耗水并没有大幅度减少，即土壤在生长后期亏水比较严重，对草地生产能力的影响较大。特别是甘草草地，土壤水分亏缺过多，严重影响植被正常生长。黄泽分别于 2015 年和 2016 年在甘肃省兰州市七里河区彭家坪龚家湾村大洼山以自然恢复的针茅草地和人工种植的紫花苜蓿草地、柠条灌木草地、冰草草地为研究对象，分析研究了人工草地和天然草地在相同自然降水条件下土壤水分亏缺情况以及其水量平衡特征，得到土壤水分人工草地条件下利用效率较高，有利于促进地上生物量的快速增长。植被生长状况较好时，蒸散量较大，人工草地蒸散发量在 6 月小于天然草地的蒸散发量，但是植被进入生长旺盛期以及植被生长末期（7 月、8 月、9 月），天然草地的蒸散发量小于人工草地蒸散发量，其中，8 月植被蒸散发量最大。2015 年生长季降水量较少，植被蒸散发量比研究区同期降水量要大，土壤水分在人工草地条件下有不同程度的亏缺，但是土壤水分在天然草地条件下基本保持平衡；2016 年生长季降水量有所增加，与人工草地土壤水呈负平衡状态。佘冬立等（2011）于 2007～2008 年在六道沟小流域对豆地、长芒草地和苜蓿草地水循环过程进行研究，结果表明，苜蓿草地土壤水分的消耗量要大于坡耕地土壤水分消耗量，而长芒草草地的土壤水分基本处于平衡状态。陈洪松等（2005）在陕西省咸阳市长武县王东沟试验区，在自然和人工降雨条件下研究了黄土高原荒草地以及裸地土壤水分循环特征，发现在自然降雨状态条件下，降水量完全被蒸散发消耗，土壤水分平衡为亏水状态，而在人工降雨情况下，大部分降水量仍然被蒸散所消耗，但土壤水分平衡表现为盈水状态。代俊峰（2004）首次在我国用 SWAT（soil and water assessment tool，土壤和水评估工具）模型系统研究了东北红壤丘岗区自然草被、阔叶林、针叶林和混交林的水量平衡的时空特点，结果发现林草系统水量平衡特征差异较大，林地可以更好地减少区域地表径流量，草地土壤入渗量要小于林地土壤入渗量，蒸散发量是林地水循环最大的支出项。易彩琼等（2015）于 2010～2013 年在陕西省榆林市神木市对黄土高原地区退耕还草坡地土壤水分变化进行了研究，结果表明，坡耕地人工种植的紫花苜蓿会造成土壤含水量的降低，土壤水分只有在丰水年才可能得到一定的补充。常建国（2013）在山西太行山区利用空间代替时间的方法，对油松成熟林和中龄油松林的水量平衡组分特征进行了研究，研究发现成熟林水分总支出稍大于同期降水量，而中龄林水分总支出稍小于同期降水量。莫康乐（2013）于2010~2012年利用三种方法对人工杨树林水分分布特征进行了研究，结果发现2011~2012年土壤蓄水量基本为0。

水量平衡的研究，对理解区域生态系统中土壤水分变化具有非常重要的生态意义。胡梦珺（2003）通过对黄土高原农业用地、林地和草地水量平衡的比较发现，不同地区不同植被下水量平衡特征不同。常博（2014）对祁连山区排露沟小流域草地水循环特征进行了分析研究，得到的结果为草地大部分时间内为亏水状态。目前，对蒸散发量研究已经有较多的开展，但是综合水循环的各个过程来研究水量平衡特征的研究还比较少。

3. 赋能模块指标体系

水量平衡方程式可由水量的收支情况来制定。系统中输入的水（I）与输出的水（A）之差就是该系统内的蓄水量（ΔW），定量表达式为

$$I-A=\Delta W \tag{8-1}$$

式中，I 为研究时段内输入区域的水量；A 为研究时段内输出区域的水量；ΔW 为研究时段内区域储水量的变化，可正可负。

按系统的空间尺度，大可到全球，小可至一个区域，也可从大气层到地下水的任何层次，均可根据通式写出不同的水量平衡方程式。不同系统的水量平衡可以相互结合列成联立方程，用于水循环或水量交换的研究。对于特定区域、空间层或水体的水量平衡方程可视具体的条件列出。

1）大气系统

在一定地区（陆地或海洋）上空的大气中，一定时段内收入与支出水量之差等于该地区上空大气在该时段始末所含水分的变量。一定地区上空大气水量平衡方程为

$$\Delta A=P-E+A_{in}-A_{out} \tag{8-2}$$

式中，P 和 E 分别为降水量和蒸发量；A_{in} 和 A_{out} 分别为大气层中除降水与蒸发以外的其他收入水量和支出水量；ΔA 为大气系统中的蓄水变化量。

2）土壤系统

地被物在涵养水源、保持水土等方面有着非常重要的作用，同时还能影响土壤的水文特征、水热变化和通气状况，从而影响整个水循环的过程。土壤水量平衡方程主要的输入项为降水、蒸散发、地表径流、植被截留和土壤入渗，计算公式为

$$\Delta SWC=P-ET_c-R-I-D \tag{8-3}$$

式中，ΔSWC 为土壤盈亏水；P 为降水量；ET_c 为蒸散发量；R 为地表径流量；I 为植被截留量；D 为土壤入渗量。

降水量一般通过气象站雨量计测定，蒸散发量可通过涡动相关仪测定，地表径流通过径流场测定，植被截留量通常采用水量平衡法计算，土壤入渗量可通过入渗仪测定。土壤水分和土壤温度用土壤水分和土壤温度传感器可以得到。

通过测定这些参数，可以得到生态系统内部水分的输入或输出以及贮藏水量的变化，同时也为定量研究陆地生态系统与其外部毗邻系统之间水分交换提供了基础。

3）地下水系统

地下水系统的水量平衡方程为

$$\Delta G = \alpha P - E_G + G_{in} - G_{out} \tag{8-4}$$

式中，α 为地下水的降水入渗补给系数；P 为降水量；E_G 为地下水上升经土壤到地面后的蒸发量；G_{in} 为地下流入系统的水量；G_{out} 为地下流出系统的水量；ΔG 为地下的蓄水量变化。

不同地区，地下水量平衡要素不尽相同，各项平衡要素所占比重也不一样。例如，在雨量充沛的平原地区，降雨是主要补给量；在地下水位埋藏较浅的地区，潜水蒸发是主要的排泄水量；在山前冲积扇地区，地下径流占收入项和支出项很大比重；在内陆灌溉区，抽水灌溉和灌溉水入渗补给是主要水平衡要素。

4）流域水量平衡方程

流域的水量平衡收入项为研究时段的总降水量、该区水汽的凝结量、流入该区的地表径流量和流入该区的地下径流量；支出项为研究时段的流域蒸发量和林木的蒸散量、该区流出的地表径流量和地下径流量、区内工农业及生活用水量；若研究时段内流域蓄水变量绝对值为 ΔW，则任一时段流域水量平衡方程式为

$$\Delta W = \left(P + E_1 + R_{\text{地表}} + R_{\text{地下}} \right) - \left(E_2 + r_{\text{地表}} + r_{\text{地下}} + q \right) \tag{8-5}$$

式中，P 为该区的降水量；E_1 为该区水汽的凝结量；$R_{\text{地表}}$ 为流入该区的地表径流量；$R_{\text{地下}}$ 为流入该区的地下径流量；ΔW 为该区蓄水量的变化；E_2 为蒸发量和林木的蒸散量；$r_{\text{地表}}$ 为从该区流出的地表径流量；$r_{\text{地下}}$ 为从该区流出的地下径流量；q 为该区内工农业及生活用水量。

5）全球水量平衡

全球陆地的水量平衡方程：

$$P_{\text{陆}} + R_{\text{陆}} - E_{\text{陆}} = \Delta W_{\text{陆}} \tag{8-6}$$

全球海洋的水量平衡方程：

$$P_{\text{海}} + R_{\text{陆}} - E_{\text{海}} = \Delta W_{\text{海}} \tag{8-7}$$

全球的水量平衡方程：

$$\left(P_{\text{陆}} + P_{\text{海}} \right) - \left(E_{\text{陆}} + E_{\text{海}} \right) = \left(\Delta W_{\text{陆}} + \Delta W_{\text{海}} \right) \tag{8-8}$$

式中，$P_{\text{陆}}$ 为陆地上空的降水；$R_{\text{陆}}$ 为陆地流出的径流；$E_{\text{陆}}$ 为陆面蒸发散；$\Delta W_{\text{陆}}$ 为陆地蓄水量变化量；$P_{\text{海}}$ 为海洋上空的降水；$E_{\text{海}}$ 为海洋蒸发；$\Delta W_{\text{海}}$ 为海洋蓄水量变化量。

由大洋和大陆的水量平衡组成的全球水量平衡，是全球水循环的定量描述。在全球的水量平衡要素中，大洋与大陆不同，前者的蒸发量大于降水量，其差值作为大陆水体的来源，参加降水过程。后者则是降水量大于蒸发量，其差值为径流量，成为大洋水量的收入项之一。

8.2.2　碳源碳汇

1. 基本原理

在人类活动成为一种重要的扰动之前，各个碳库之间的交换是相当稳定的。在 1750 年前后工业化开始之前的几千年内，一直维持着一个稳定的平衡，冰芯研究结果表明，当时大气中 CO_2 浓度的平均值约为 280ppmv，变化幅度约在 10ppmv 以内。工业革命打乱了这一平衡，造成了地球大气中的 CO_2 增加了 40%左右，即从 1750 年前后的 280ppmv 增加到 2009 年的 390ppmv 左右。美国夏威夷冒纳罗亚山顶附近的观测表明，自 1959 年以来，虽然不同年份的 CO_2 增加量变化很大，但平均而言每年增加约 1.5ppmv。据估计，近百年来由于各种人类活动而注入地球大气中的 CO_2 每年约为 30 亿 t，而且其排放速度还在逐年增加。

瑞典物理化学家 Arrhenius（1896）年提出，人类向大气排放的 CO_2 气体可能会导致地球表面温度的升高。20 世纪 50 年代后期，科学界开始注意并研究全球变化与温室气体的关系。1995 年的联合国政府间气候变化专门委员会（Intergovernmental Panel on Climate Change，IPCC）评估报告称所观察到的变暖趋势不像是全由自然原因造成，证据对照表明，对全球气候有一种可以识别的人为影响。各国科学家和政府都不得不痛苦地承认：人类向大气中排放的温室气体是导致全球温暖化的主要因素。人类活动改变大气 CO_2 等组分的浓度将引发陆地生物圈的一系列反馈效应，影响地球系统的辐射平衡和水循环，从而必将对人类的健康、食物和水资源的安全、社会稳定与经济发展等产生一系列的负面影响。为此，国际社会必须联合行动，积极研究应对策略。控制 CO_2 已不仅仅是大气污染治理的目标，更渗透到各行各业的生产与人们的生活中。气候变暖问题成为国际政治、经济、外交和国家安全领域的一个热点。

美国《科学进展》发表文章指出：地球即将达到气候变化的致命"临界点"，到 2050 年，地球吸收三分之一人为碳排放的能力可能会减少一半。研究结果揭示了一个关键的气温临界点，超过这个临界点，植物捕集和封存大气碳的能力（陆地碳汇）会随着气温的升高而下降。全球变暖最终将把世界上的一些碳汇变成碳源，从而加速气候变化。碳中和是指在规定时期内，二氧化碳的人为移除与人为排放相抵消，这对于实现《巴黎协定》气候目标至关重要，越来越多的国家政府正将其转化为国家战略。2020 年 9 月，习近平主席在第七十五届联合国大会一般性辩论上指出，"中国将提高国家自主贡献力度，采取更加有力的政策和措施，二氧化碳排放力争于 2030 年前达到峰值，努力争取 2060 年前实现碳中和"[①]。欧盟、日本、加拿大、英国、法国、德国、丹麦、西班牙、韩国（均为 2050 年）、瑞典（2045 年）、奥地利（2040 年）、芬兰（2035 年）等 30 多个国家和地区以及美国加利福尼亚州（2045 年）也都提出了碳中和目标。在国际上的政府间气候变化专门委员会、国际能源署、能源转型委员会，以及在国家层面，政策咨询小组已就 CO_2 减排可能的实现方式提出了一系列模型和预测情景，表明要实现碳中和，电将代

替化石燃料成为全球能源的主要载体。在全球迫切需要减排的背景下，研究碳循环过程，提供实现《巴黎协定》气候目标的解决方案至关重要。

碳循环是指碳元素在地球上的生物圈、岩石圈、水圈及大气圈中交换，并随地球的运动循环不止的现象。生物圈中的碳循环主要表现在绿色植物从大气中吸收二氧化碳，在水的参与下经光合作用转化为葡萄糖并释放出氧气，有机体再利用葡萄糖合成其他有机化合物。有机化合物经食物链传递，又成为动物和细菌等其他生物体的一部分。生物体内的碳水化合物一部分作为有机体代谢的能源经呼吸作用被氧化为二氧化碳和水，并释放出其中储存的能量。

碳源是指二氧化碳气体成分从地球表面进入大气（如地面燃烧过程向大气中排放 CO_2），或者在大气中由其他物质经化学过程转化为二氧化碳气体成分（如大气中的 CO 被氧化为 CO_2，对于 CO 来说也叫源）。

碳汇一般是指从空气中清除二氧化碳的过程、活动、机制。主要是指森林吸收并储存二氧化碳的多少，或者说是森林吸收并储存二氧化碳的能力。

碳源与碳汇是两个相对的概念，即碳源是指自然界中向大气释放碳的母体，碳汇是指自然界中碳的寄存体。减少碳源一般通过二氧化碳减排来实现，增加碳汇则主要采用固碳技术。

固碳也叫碳封存，指的是增加除大气之外的碳库的碳含量的措施，包括物理固碳和生物固碳。物理固碳是将二氧化碳长期储存在开采过的油气井、煤层和深海里。生物固碳是利用植物的光合作用，通过控制碳通量以提高生态系统的碳吸收和碳储存能力，所以其是固定大气中二氧化碳最便宜且副作用最少的方法。

生物固碳技术主要包括三个方面：一是保护现有碳库，即通过生态系统管理技术，加强农业和林业的管理，从而保持生态系统的长期固碳能力；二是扩大碳库来增加固碳，主要是改变土地利用方式，并通过选种、育种和种植技术，增加植物的生产力，增加固碳能力；三是可持续地生产生物产品，如用生物质能替代化石能源等。

2. 研究现状及进展

人类活动对自然界生态系统的破坏，降低了地球生物圈的生产力，威胁到人类社会未来经济的发展，同时还破坏了陆地与大气之间的自然平衡。因此，在国际地圈-生物圈计划（IGBP）的核心研究计划——"全球变化与陆地生态系统"中，碳循环研究被确定为核心内容之一。进入 21 世纪，三大国际组织国际地圈-生物圈计划（IGBP）、国际全球环境变化人文因素计划（IHDP）、世界气候研究计划（WCRP）提出了一个碳集成研究计划，其重点是回答目前全球碳源、碳汇的时空格局及成因，未来碳循环动态的控制与反馈机制（人为的和自然的），未来全球碳循环的可能动态等科学问题。针对这些科学问题，一些国家先后启动了碳循环科学研究计划。如美国 2000 年启动的大型"碳循环科学计划"，重点从洲际和区域尺度研究碳源、碳汇的时空变化；日本于 2002 年启动的"陆地生态系统碳平衡国家战略性研究计划"，以亚洲的亚寒带、温带和热带陆地生态系统为对象开展碳平衡综合研究；欧盟启动的"欧洲碳循环联合项目"，目的是监测陆地生态系统碳储量、碳通量状况。英国是最早进行工业革命的国家，也是较早发现二氧化碳的排放对气候变化产生影响的国家,因而率先对城市低碳发展规划进行调整,同时研究通过了《气候变化法案》。

在碳源碳汇空间监测的研究进展上,谷歌公司于 2014 年开发了可以监测全球植被覆盖变化的"全球森林监察"软件,该软件将包含 NASA 的植被数据。谷歌公司声称针对人类活动对自然植被的开发活动,生态承载力日益加大,谷歌公司推出的这项功能意在让人们真正地感受到森林、农田等植被的不断变化以及提高人们的环保意识。

各个国家开始认识到环境污染对于生活环境的破坏,开始致力于对包括碳在内的各种对气候环境有影响的元素进行测定。雷蒙德运用微气象法对芝加哥的碳储量进行测定,运用气象学相关方法进行二氧化碳测算,得出植物碳汇初步结论,绿地植被在中午时二氧化碳浓度最低,同时夜晚二氧化碳浓度最高。同年,美国的马兰德博士发表的《农田土壤碳汇变化的评价》中也进行了二氧化碳通量的研究,并通过 15 年对美国农田碳储量的研究,探讨了对农田等植被合理的土地利用方式。美国的库姆等在一篇文章中将人的活动所引起的空气中二氧化碳变化作为研究对象,通过人的出行与生产生活活动对于周边环境的影响,监测出人为活动引起的二氧化碳含量变化。并借助二氧化碳监测仪器,得出不同时间不同地点的二氧化碳含量,同时基于二氧化碳数据进行相关分析,得出初步结论,人为活动所引起的二氧化碳排放占环境总体的 80%。

国内对碳源碳汇的研究方面,较早见于《全球生态学——气候变化与生态响应》,作者方精云通过七次森林植被的数据总结和生物量换算的研究方法,对中国森林植被碳汇功能进行实测分析,从而推算了森林碳汇量及其数据。由此之后,碳汇研究日益丰富,中国科学院王绍强运用 GIS 地理信息系统分析了东北森林植被等相关情况,通过生物量因子法对东北地区进行碳储量测算并得到大量数据。王效科等(2002)分析了全球碳失汇数量和可能分布地点,论述了形成的主要原因。李玉强等(2005)通过研究发现,CO_2施肥效应、氮沉降增加、污染、全球气候变化以及土地利用变化,是影响陆地生态系统碳储量的主要生态机制。杨元合等(2022)系统梳理了近 40 年来陆地碳源汇研究的主要进展,阐述了全球和我国陆地碳汇的时空格局及其驱动因素。郭晶在城市产业结构调整与城市总体格局方面,重点探讨了城市空间结构的调整优化对于城市产业发展有重要作用,同时为城市整体产业发展的基础设施,碳源碳汇空间格局的优化提供基础。李颖等以江苏省为例分析了空间格局优化的碳排放效应,分别计算分析了江苏省工业化、城市化快速发展的十年间,城市规划指导下的主要空间格局变化产生的能源碳排放问题。

综上所述,区域碳源碳汇的研究虽然已经起步,相关研究从定性转为定量、从单一转为多要素,但在大区域尺度的碳排量核算阶段尚没有比较适合的研究以及估算方法,因此对于区域碳源碳汇研究急需相关理论的丰富及研究方法的创新。

3. 赋能模块指标体系

1)影响碳源的指标

影响陆地碳源形成的生态指标主要有土壤有机碳积累变化动态、土壤呼吸强度等。

(1)土壤有机碳积累变化动态指标。植被生态系统中碳素主要贮存在地下土壤碳库中,土壤中的碳贮量占总碳贮量的 90%,所以说植被地上生物量中的碳贮量与土壤中的碳贮量相比非常少。土壤碳包括土壤有机碳和无机碳，由于土壤无机碳的更新周期很长，所以土壤有机碳的动态是决定生态系统碳平衡的主要指标。此外，土壤有机碳主要分布于土壤上层 1m 深度以内，其含量是进入土壤的植物残体等有机质的输入与以土壤微生物分解作用为主的有机质的损失之间的平衡。而土壤有机碳库存量与进入土壤的植物凋落物和地上生物量呈线性正相关关系。

（2）土壤呼吸强度指标。土壤呼吸是全球碳循环中一个主要的流通环节，它导致土壤碳以 CO_2 的形式流向大气圈。通过土壤呼吸作用向大气释放 CO_2 的过程是全球碳排放的主要途径，也是大气 CO_2 重要的源，若全球土壤呼吸量增加 10%，将会超过由人类活动导致的碳素释放总量，引起大气 CO_2 浓度的较大波动，对全球碳循环和碳预算产生影响。生态系统 CO_2 的释放包括植物自养呼吸、凋落物层的异养呼吸和土壤呼吸，其中土壤呼吸是生态系统释放 CO_2 最重要的来源。而土壤呼吸又包括三个生物学过程（土壤微生物呼吸、根呼吸和土壤动物呼吸）和一个非生物过程（含碳物质的化学氧化作用）。其中土壤动物呼吸和土壤中非生物过程释放的 CO_2 量只占很小比例，在实际测量或估算中常被忽略。因此，通常所说的土壤呼吸主要是指根呼吸和土壤微生物呼吸。

2）影响碳汇的指标

影响陆地碳汇形成的生态指标主要有植物生物量、叶面积指数、净初级生产力、主要的自然环境等。

A. 植物生物量、叶面积指数和净初级生产力指标

植物生物量由地上部分生物量和地下部分生物量组成，其积累程度与其再生能力、恢复能力和定植速度等有密切关系，是评价品质的指标。同时，群落地上和地下生物量的比例（F/C）也是衡量植物群落光合固碳能力的重要指标。F/C 值大，表明群落光合固碳效率高。叶面积指数（leaf area index，LAI）是衡量植被覆盖度的一个指标，它的大小可以直接影响植被覆盖下土壤的微气候，也对植被固碳能力有重要影响。在土壤水分不缺乏的情况下，CO_2 通量与叶面积指数和地上生物量之间具有很好的相关性。净初级生产力（net primary productivity，NPP）是绿色植物通过光合作用同化的有机物质总量减去由于呼吸损失的那部分，即单位面积与单位空间内绿色植物光合作用产物的净积累。对于群落而言，初级生产力的形成是碳素向群落内输入的主要途径。因此，它也是反映植物固碳能力的一个重要指标。

F/C、LAI 和 NPP 这三个指标都是反映植物光合固碳能力最重要的依据，同时也是研究生态系统功能和碳循环最基本的数量特征，可以估测生态系统吸收碳和储存碳的能力。但不足之处是不同类型的植物 F/C、LAI 和 NPP 数值差异较大，这给估计整个生态系统的碳吸存能力带来很大困难。

B. 主要的自然环境指标

影响生态系统中碳汇与碳源动态的主要自然环境指标有太阳辐射、降水量、大气温度和湿度、土壤水分和温度、饱和水汽压差、风速等，它们都直接或间接地影响着生态系统碳汇与碳源的动态变化。

目前，自然环境对生态系统碳交换量的影响主要集中在光合有效辐射（photosynthetically active radiation，PAR）、大气温度（T_a）、土壤含水量（W）和土壤温度（T_s）等方面。

土壤温度、土壤含水量和地下生物量是土壤呼吸的直接影响因素。光合有效辐射、大气温度和土壤含水量是净生态系统交换（NEE）昼夜动态的主要影响因素。光合有效辐射和土壤温度是控制植被和大气间CO_2净交换量的关键因素。在影响生态系统碳交换的生态因子中，土壤水分和光合有效辐射是两个重要的生态因子，在适宜的土壤水分条件下，决定白天CO_2通量的主要环境因子是光合有效辐射，两者呈双曲线关系，夜间CO_2通量主要依赖于土壤水分和土壤温度有效性的协调作用。

大气成分监测、CO_2通量测定、森林草地等生态资源清查以及模型模拟等方面的研究都表明，CO_2施肥效应、氮沉降增加、污染、全球气候变化以及土地利用变化，是影响生态系统碳储量的主要生态机制。

C. 净碳汇的估算

影响陆地碳汇形成的机制可以分成两大类：第一类是影响光合、呼吸、生长以及腐烂分解速率的生理代谢机制。包括大气CO_2浓度增加、有效营养增加、气温和降雨的变化，以及能够增加森林、草地等植被生长速率的任何生态机制。这些机制通常受人类活动的间接影响。第二类是干扰和恢复机制，包括自然干扰和土地利用变化和管理的直接影响，本书主要阐述第一类影响因素。

a. 净生态系统生产力

净生态系统生产力（net ecosystem productivity，NEP）指单位时间、单位空间内生态系统净初级生产力（NPP）扣除异养呼吸（土壤有机质及凋落物呼吸）后的生产量，是未受干扰生态系统与大气间净二氧化碳交换速率，在数量上与净二氧化碳交换量NEE相当，但符号相反，NEP的正值表示碳汇，负值表示碳源，它表征了陆地生态系统吸收大气二氧化碳，减缓气候变暖的能力。

NEP为NPP与R_h之差，其中土壤异养呼吸R_h的计算采用各土壤分碳库分解速率及在各碳库间的转移速率方程求解，计算公式如下：

$$NEP=NPP–R_h \tag{8-9}$$

$$R_h=\tau_j \cdot k_j \cdot C_j \tag{8-10}$$

式中，R_h为异养呼吸；τ_j为碳库j定义的呼吸系数；k_j为碳库j的分解速率；C_j为碳库j的大小。

b. 总初级生产力

总初级生产力（gross primary productivity，GPP）也称第一性生产力，指单位时间和单位面积内，绿色植物通过光合作用途径所产生的全部有机物同化量，即光合总量，可表征植物光合作用的能力。

总初级生产力采用光合作用模型计算。光合作用是绿色植物吸收太阳光能，将光能转化为化学能的过程，同时也是将吸收的CO_2转化为有机物的过程。根据Farquhar等（1980）光合作用模型，叶片尺度的光合作用速率为

$$A=\min(W_c, W_j)–R_d \tag{8-11}$$

式中，A为叶片的光合作用速率，$\mu mol/(cm^2 \cdot s)$；W_c为受羧化酶活性限制的光合作用速率，$\mu mol/(cm^2 \cdot s)$；W_j为光限制的光合作用速率，$\mu mol/(cm^2 \cdot s)$；R_d为白天叶子的暗呼吸。

c. 净初级生产力

净初级生产力是植被总初级生产力中扣除植物自身的自养呼吸（R_a）后的剩余部分。其中，自养呼吸作用是指在酶的参与下，生活细胞内的有机物逐步氧化分解并释放能量的过程。植物的自养呼吸主要包括生长呼吸（R_g）和维持呼吸（R_m）两部分：

$$NPP=GPP-R_a \tag{8-12}$$

$$R_a=R_g+R_m \tag{8-13}$$

$$R_g=0.25GPP \tag{8-14}$$

$$R_m=M_i \cdot R_{mi} \cdot (Q_{10} \cdot T-T_b)/10 \tag{8-15}$$

式中，i 为植物的不同器官（粗根、细根、茎和叶）；M_i 为第 i 个器官的生物量；R_{mi} 为第 i 个器官在温度为 T_b（℃）时的呼吸速率；T 为空气温度；Q_{10} 为呼吸对温度变化的响应函数。

d. 生态系统 CO_2 净交换量

生态系统 CO_2 净交换量（NEE）是衡量生态系统碳氧平衡和碳汇与碳源动态的关键指标，它是生态系统群落总光合与群落总呼吸之间平衡的结果。

陆地和大气系统间的二氧化碳通量与生态系统的总初级生产力（GPP）、净初级生产力（NPP）、净生态系统生产力（NEP）和净生物群系生产力（NBP）概念是相对应的，在某些假定条件下所观测的陆地生态系统的 CO_2 通量与其中的某个概念是一致的。通常条件下，在通量观测塔的植被上部所观测到的二氧化碳通量相当于生态系统的净生态系统生产力（NEP），当植被相当繁茂且土壤呼吸（凋落物与土壤有机碳分解）作用相对较小时，可以近似看作为生态系统的 NPP。

在不考虑人为因素和动物活动影响的自然陆地生态系统中，决定陆地与大气系统间 CO_2 交换的生理生态学过程主要是植物的光合作用、冠层空气中的碳储存和生物的呼吸作用。陆地与大气系统间的净生态系统碳交换量（NEE）可用下列方程描述：

$$NEE=F_C+F_{STORAGE}=-P_G+(R_{LEAF}+R_{WOOD}+R_{ROOT})+R_{MICROBE} \tag{8-16}$$

式中，F_C 为大气和生态系统界面的净二氧化碳通量；$F_{STORAGE}$ 为群落内的碳储存通量；P_G 为光合作用碳固定的碳通量（GPP）；R_{LEAF}、R_{WOOD}、R_{ROOT} 分别为植物的叶片、茎（木材）和根系的呼吸通量，三者的总和为植物的自养呼吸（R_a）；$R_{MICROBE}$ 为土壤微生物分解土壤有机质和凋落物的呼吸通量，可以进一步分解为土壤呼吸和凋落物呼吸两部分。

碳循环是一个十分复杂的化学、物理学和生物学过程，同时还受到各种自然因素和人为活动的多重影响。这些都给 NEE 的观测带来很大的困难，而对 NEE 的准确和长期观测是评价生态系统碳源汇功能的前提。目前对 NEE 的主要测量方法有涡度相关法和箱式法，然而这些方法都有各自的优点和不足之处。

涡度相关法的突出优点就是其监测过程对测量地被基本没有扰动，并且响应快、灵敏度高，但这种方法要求被测地表具有大尺度的均匀性，在观测期间大气的状态相对稳定，以及测点上风向相当大的区域内气体排放通量稳定均匀，并且由于相关设备昂贵和机动性差，难以对小空间尺度的各类生态类型进行全面观测，这使得涡度相关法在陆地

生态系统 CO_2 的田间试验中未能被广泛推广应用。

箱式法的基本工作原理是将一定大小的通量箱罩在一定面积的地被上方，以此隔离箱内外气体的自由交换，通过监测箱内 CO_2 浓度随时间的变化计算出 CO_2 的交换通量。可分为三种类型：密闭式静态箱、密闭式动态箱和开放式动态箱。密闭式静态箱和密闭式动态箱都是根据箱内 CO_2 浓度随时间的变化速率来计算被罩地 CO_2 通量；开放式动态箱则是通过箱入口和出口处 CO_2 浓度差异来计算 CO_2 通量。静态箱通常是在一定的时间段内将箱体放置在地被上，待测定结束后移开；而动态箱则可以在测定后将顶部打开，使箱内外环境保持一致，从而实现长期连续观测。根据箱体材料透明与否，箱法又可以分为透明箱和暗箱，若采用透明箱和暗箱相结合进行观测，则可以分离出碳平衡的各分量。

8.2.3　土地退化防治监测与评价

1. 基本原理

土地退化是指由自然力或人类利用中的不当措施，或两者共同作用导致土地质量变劣的过程和结果。根据联合国环境规划署（UNEP）的定义，土地退化是指在不利的自然因素和人类对土地不合理利用的影响下土地质量与生产力下降的过程。其含义有两方面：一是土地系统的生产力必须有显著下降，二是这种下降是人类活动或不利的自然事件引起的结果。土地退化过程包括人类活动和居住方式所引起的风蚀和水蚀作用，土壤物理、化学、生物和经济特性的恶化，自然植被的减少等。它主要表现为土地生产系统生物生产量的下降、土地生产潜力的衰退和土地表出现不利于生产活动的状况。从生态学的观点看，土地退化就是植物生长条件恶化、土地生产力下降；从系统论的观点来看，土地退化是人为因素和自然因素共同作用、相互叠加的结果；从土地退化的定义来看，土地退化的具体表现即是土地的生态功能退化以及生产能力下降。

我国是世界上土地退化最为严重的国家之一，土地退化已经成为制约我国经济和社会可持续发展的重大问题。1996~2004 年，全国耕地面积从最初的 1.3 亿 hm^2 减少到 1.223 亿 hm^2，8 年间减少了 7.595 亿 hm^2，减幅达到 5.84%，可见目前我国土地退化所面临的严峻形势。2006 年通过调查得出我国整体土地退化面积约有 46 万 km^2，占全国面积的 40%。由于我国土地退化发生区域广，在不同的地区退化有不同的表现形式，其中东北黑土地地区主要表现为贫瘠化、水土流失、土地盐碱化和土壤压实；西北地区主要表现为土地盐碱化、土地荒漠化、土地沙化；西南地区表现为土地石漠化；青藏高原地区主要表现为土地沙漠化、草地退化、土壤盐渍化和冻土退化；华北地区表现为水土流失（地下漏斗）、土地盐渍化、土壤压实、土地贫瘠化；东南地区表现为土地污染、水土流失。因此，开展土地退化防治监测与评价对我国来说是至关重要的。

防治土地退化，维护生态安全，实现可持续发展，是 21 世纪全人类的共同任务。我国在党的十九届五中全会进一步强调"加强自然资源调查评价监测"，开展土地退化防治监测与评价可以准确掌握自然资源状况与变化情况，落实生态文明建设要求、推进国家治理体系和治理能力现代化、支撑建立自然资源资产产权制度、提高资源利用效率；开展土地退化防治监测与评价可以缓解我国土地当前面临的严峻形势；开展土地退化防治监测与评价可以促进实现碳达峰碳中和目标。

2. 研究现状及进展

20 世纪 90 年代后期，国内外在土地退化评价的理论和方法上取得了较大的进展，并集中反映在 1997 年出版的《世界荒漠化地图集》和对其他地区土地退化的评价之中。评价理论大体有三种，分别是全球人为作用下的土壤退化（GLASOD）、南亚及东南亚人为作用下土壤退化（ASSOD）和俄罗斯科学院提出的评价方法（RUSSIA）。GLASOD 通过一整套指标体系直接反映气候与人文共同作用下土地退化的现实状态，其结果为土地的绝对退化；ASSOD 则将土地退化的现状与人为影响的强弱两方面结合起来，间接反映退化的相对大小，评价结果代表了土地的相对退化；RUSSIA 与前两种主要用于土壤退化代表土地退化的单因素评价不同，它用多样性的概念将土壤、植被和地形综合起来进行多因素评价，属于真正的综合土地退化评价。以上三种评价理论都是利用遥感的技术手段，但以目视解译为主，同时依靠常规技术支持的经验性指标体系来完成的。相应地，基于 3S 技术[全球定位系统（GPS）、遥感（RS）和地理信息系统（GIS）的合称]的土地退化评价和监测的技术路线也应运而生。

参 考 文 献

常博. 2015. 祁连山排露沟流域草地植被特征及其对水分条件的响应. 兰州：甘肃农业大学.

陈洪松，邵明安，王克林. 2005. 黄土区荒草地土壤水平衡的数值模拟. 土壤学报，（3）：353-359.

代俊峰. 2005. SWAT 模型在赣东北红壤丘岗区林草系统水量平衡研究中的应用. 武汉：华中农业大学.

胡梦珺. 2004. 黄土丘陵沟壑区沙棘、柠条林地水量平衡及土壤水分生态特征. 咸阳：西北农林科技大学.

李玉强，赵哈林，陈银萍. 2005. 陆地生态系统碳源与碳汇及其影响机制研究进展. 生态学杂志，24（1）：37-42.

莫康乐. 2013. 永定河沿河沙地杨树人工林水量平衡研究. 北京：北京林业大学.

佘冬立，邵明安，薛亚锋，等. 2011. 坡面土地利用格局变化的水土保持效应. 农业工程学报，27（4）：22-27.

孙益，方梦阳，何建宁，等. 2020. 基于物联网和数据中台技术的自然资源要素综合观测平台构建. 资源科学，40（10）：1965-1974.

王效科，白艳莹，欧阳志云，等. 2002. 全球碳循环中的失汇及其形成原因. 生态学报，22（1）：94-103.

杨元合，石岳，孙文娟，等. 2022. 中国及全球陆地生态系统碳源汇特征及其对碳中和的贡献. 中国科学：生命科学，52（4）：534-574.

易彩琼，王胜，樊军. 2015. 黄土高原坡地退耕恢复草地的土壤水分动态. 草地学报，6：1182-1189.

Arrhenius S. 1896. On the influence of carbonic acid in the air on the temperature of the ground. Philosophical Magazine，41：237-276.

Farquhar G D，Caemmerer S V，Berry J A. 1980. A biochemical model of photosynthetic CO_2 assimilation in leaves of C_3 species. Planta，147：67-90.